ドローン超入門

飛ばせる・撮れる・楽しめる

榎本幸太郎

青春新書
INTELLIGENCE

はじめに

ドローンには、さまざまな「可能性」があります。

誰もが手軽に映画のワンシーンのような空撮を楽しめるようになるという可能性、離島や山間部、被災地など鉄道や車での運搬が困難な場所に迅速に食料や医薬品などの物資を届けられるようになるという可能性、その他にも大きな橋梁《きょうりょう》やダムなどインフラの点検、スポーツの試合やコンサートの空撮などドローンの活用の可能性は広がっています。

思い返せば、今から20年近くも前のことになるでしょうか、初めてドローンに触れたとき、私は言葉にできないほどの衝撃を受けたことを鮮明に覚えています。

10歳の頃にラジコン飛行機に魅せられ、16歳からはラジコンヘリに夢中になった私にとって、ドローンは、こうした「ラジコンの進化版」ではなく、まったく異なる可能性を秘めたアイテムだったのです。

インターネットやＷｉｎｄｏｗｓ95、ｉＰｈｏｎｅなど、私たちの日々の暮らしを大きく変えた「発明」ともいえるサービスや製品は、これまでにもいくつか登場してきましたが、私は（決して大げさではなく）、「ドローンも間違いなくそれらのひとつに数えられるだろう」と確信したほどです。

そして、月日は流れ、２０２２年12月からはドローンの国家資格制度がスタートしました。「一等無人航空機操縦士」という国家資格と、安全なドローンであることを証明する「第一種機体認証」を取得することで、これまでは認められていなかった、人々が暮らす市街地の上空（有人地帯の上空）にドローンを飛ばして空撮したり、荷物を運んだりすることなどができるようになったのです。

それだけではありません。例えば、「チャレンジド（身体に障がいのある方々）」がドローンの操縦技量を身につけ、国家資格を取得してプロのドローンパイロットとなることで、自ら収入を得ていくといった可能性の扉も新たに開かれつつあるのです。

ところが、こんなに可能性と魅力に溢れたドローンなのに、多くの人たちはドローンのことを「じつはよく知らない」のが実情ではないでしょうか。

「いくらぐらいで買えるの？」「どんなことができるの？」「どこで飛ばしてもいいの？」など知りたいことがあっても、どこで確認すれば正しい情報（答え）を得られるのかわからないのではないでしょうか。

そこで、本書を書き下ろしました。タイトルの通りドローンの「超入門書」です。ドローンってどんなものだろう、ちょっと興味があるけど詳しくは知らない、そんなドローン初心者が知っておきたい「飛ばすときのルール」から、国土交通省への「飛行申請・承認の取り方」、「国家資格制度」についても詳しく、そしてわかりやすく説明しています。

この本を手に取っていただくことで、ドローンに関することを体系的に把握でき、操縦技量の大切さ、ルールを守ることの重要性、そして、マナーを守ることの意味合いもご理解いただけると思います。

そうしたことを把握した上で、少しでも多くの人にドローンに実際に触れていただき、飛ばしていただき、その可能性を実感・体感していただきたいのです。

ドローンを楽しむ人が増え、ドローン人口のすそ野が広がっていくことで、新しいドローン活用のアイデアが生まれ、ドローンの可能性がさらに広がっていく。そんな好循環を生み出したい、その一助にこの本がなれば幸いです。

2023年5月

一般社団法人国際ドローン協会 代表理事　榎本 幸太郎

飛ばせる・撮れる・楽しめる ドローン超入門◇目次

第2章

知っておきたい！ ドローンを飛ばして「いい場所」「いけない場所」

第3章
ドローンを安全に飛ばすために 自宅にいながらできる飛行申請の方法

第4章

ドローンの国家資格制度がスタート
プロのドローンパイロットを目指すための最短ルート

第5章

ドローンを使いこなせる人にチャンス！ 国家資格取得で広がる、新しい楽しみ方と副業

第1章

ドローンが映し出す美しき世界

映画のようなワンシーンを自分で撮れる！

今や手軽に購入できるドローンで、ここまでの空撮を楽しめる！

最初に1本の動画を紹介したいと思います。「ドローンを飛ばしてみたい」、「ドローンでの空撮にチャレンジしてみたい」という人たち、いわば「ドローン初心者」の人たちには、ぜひともご覧いただきたい動画です。

撮影のポイントなどは後ほど説明しますが、なぜこの動画をドローン初心者の方々にご覧いただきたいと思うのか、理由は2つあります。

まずは、「誰もが手軽に購入できるドローン」で撮影していることです。

最近では5万円〜10万円以内で購入できるドローンでも高機能なモデルが数多く販売され、この動画のような迫力ある美しい映像を空撮できるということを知っていただきたいのです。

そしてもうひとつの理由が、ドローンを飛ばして撮影するための「申請や承認といった複雑な手続きが不要な方法」で撮影しているということです。

（映像1）

DID以外の地域
人や物件から30m離れた撮影
目視飛行
飛行高度は安全に配慮して10m以下、ノーズインサークルでシネマティックな撮影が可能

特定飛行にあたらない飛行空域と飛行方法で撮影したドローン映像
https://youtu.be/kgdmf69_Zj8

「複雑な手続きが不要な方法」といっても法律や規制の抜け道をついているのでは、もちろんありません。ようは、安全確認をきちんとするなど基本的なルールを守れば、申請や承認など面倒な手続きをしないでも、「ここまでの空撮が楽しめる」ということを知っていただきたいのです。

ドローンを飛ばしてみたい、ドローンで空撮を楽しみたいと思っても多くの場合は「国土交通省への飛行申請」などが必要となり、ドローンを始めたばかりの人たちは、それだけで「なんか面倒だな」とあきらめてしまうこともあるようです。

この本で説明しているように、国土交通省への飛行申請をして承認を得たり、場合によってはドローンの国家資格（第4章で詳細を説明しています）を取得したりすることで、「個人でも」映画のワンシーンのような空撮ができたり、離れた場所へ荷物を運んだりとドローンの可能性は広がっていきます。

そうした可能性が広がっている今だからこそ、まずは、より多くの人に手軽に購入できるドローンで特別な申請などをしなくても「ここまで楽しめる」ということを知っていただきたいのです。

その上で、ドローンにより興味を持ち、将来的には国家資格の取得も考えるのであれば、この本を順番に読み進めていただければと思います。

ドローンとは いったいどんなものなのか

さて、本書では、「ドローンを飛ばしてみたい」、「どんなことができるのだろう」と興味を持ち始めたドローン初心者にまずはその魅力を伝え、安全にルールを守って飛ばすための手続きや国土交通省への飛行申請の方法などを説明します。

あわせて、２０２２年12月5日からドローンの操縦に関連した国家資格がスタートしたことを受けて、資格制度の概要や、資格を取得して「プロのドローンパイロット（操縦者）」を目指すことで、どのような可能性が広がっていくのかについて紹介します。

そこで、まずはドローンに興味を持ち始めた初心者の人たちにお聞きします。

ドローンとはどんなもので、どんなことができるとお考えでしょうか。

ドローンと似ているものに、ラジコンのヘリコプターや飛行機がありますが、いずれも重量（機体本体の重量とバッテリーの重量の合計）が１００グラム以上であれば「航空機」に分類されます。

航空機であるドローンは航空法で飛ばし方などが細かく規制されています。このことは第2章で説明します。

さらに、多くの人たちは、ドローンについて「高性能なラジコンヘリ」くらいに思っているかもしれませんが、機能においてはラジコンヘリなどとは決定的に違うところがあります。

それは、「自律・自動飛行」ができるということ。ドローンには次に示すようなさまざまなセンサーが搭載されていて、自動で姿勢を維持したり動きを制御したり、空中で定位置にとどまったり（ホバリング）と自律した飛行ができるのです。

一方、ラジコンヘリなどは、空中での姿勢の維持などは、基本的に操縦者がコントローラーを使って操作しなくてはなりません。この自律・自動飛行ができることがラジコンヘリなどとの決定的な違いなのです。

【ドローンに搭載されているおもなセンサーと役割】

■ＧＰＳ

機体の位置情報の検出、経度・緯度を設定した場所までの自動飛行、定位置でのホバリングなどを可能にします。

■ＩＭＵ（Inertial Measurement Unit: 慣性計測装置）

機体の傾きを計測し、安定的に水平に保つ「3軸ジャイロセンサー」と、機体の速度の変化を計測し機体の姿勢を維持するのに重要な役割を果たす「3軸加速度センサー」を組み合わせた6軸のセンサーです。

ドローンには、ジャイロセンサーと加速度センサーを組み合わせたＩＭＵが搭載されています。

■気圧センサー

空気の圧力の変化を計測することで、ドローンが飛行している高度を示すセンサーです。

■電子コンパス

機体が東西南北どの方角を向いているかを検出する機能です。

■フライトコントローラー

ドローンの頭脳ともいえる部分です。各種センサーからの情報をCPUで処理し、モニターなど他の端末に情報を送ったり、他のデバイスから情報を受信して処理したりします。

回転翼を複数、備えたマルチコプター型が一般的

ドローンは、その形状もラジコンヘリなどとは異なり、特徴的といえるでしょう。一般的には、回転翼を複数、備えたマルチコプター型を思い浮かべる人が多いのではないでしょうか。とくに、4つ備えているものはクアッドコプター、6つのものはヘキサコプターと呼ばれています。

ドローンの操作には、「プロポ」と呼ばれる装置が使われます。プロポとは「プロポーショナルシステム」の略です。操縦者の操作指令をドローンに伝えるための送信機で、コントローラーなどとも呼ばれることもあります。実際のドローンの操作イメージを図表1－2で示しました。「モード1」と呼ばれるパターンで、ドローンの上昇や下降など上下の動きを右のスティックで、前後の動きや左右の旋回を左のスティックで操作するイメージです。

（図表1-1）

クアッドコプター（左）とヘキサコプター（右）

（図表1-2）

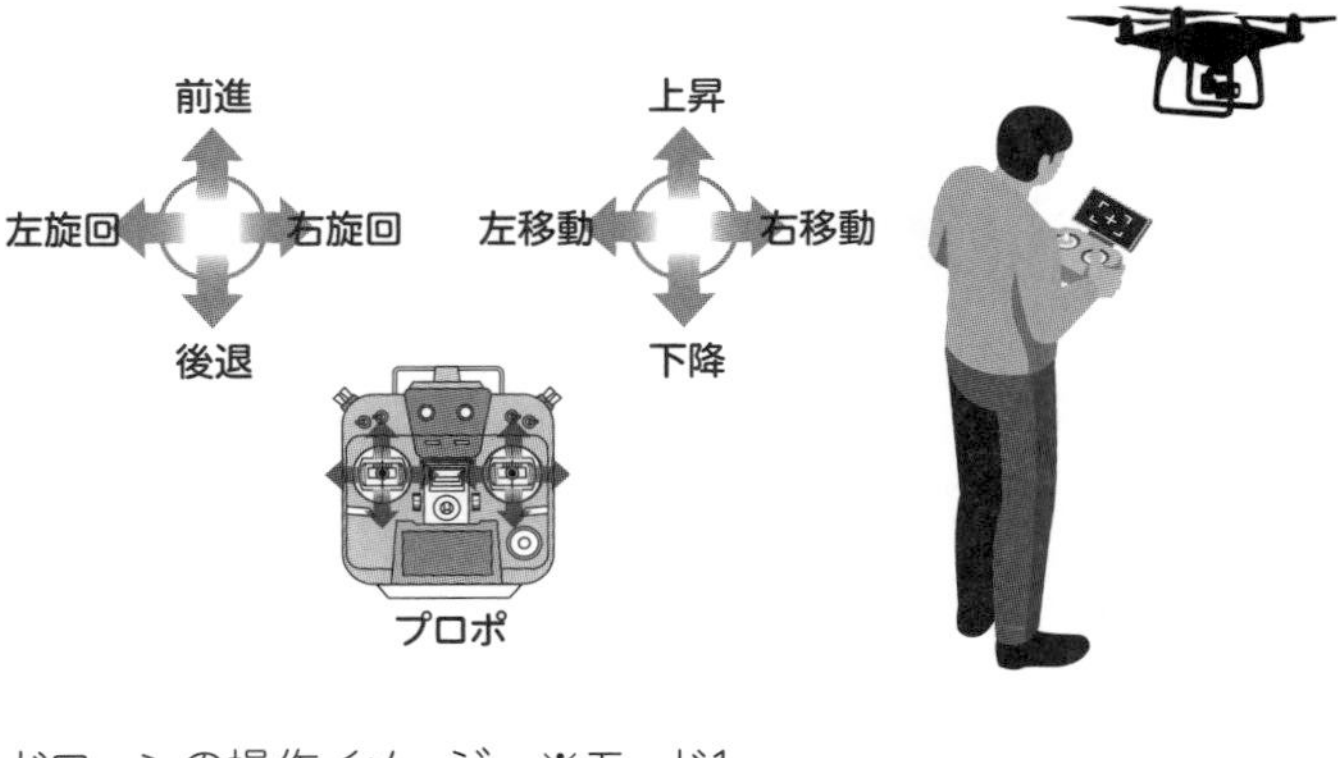

ドローンの操作イメージ　※モード1

Check1

プロポ（プロポーショナルシステム）の4つの操作モードの違いとは

プロポには、4つの操作モードがあります。先に図で示したように右のスティックで「上昇下降・左右移動」、左のスティックで「前後・左右旋回」の操作をするのが「モード1」で、他にもモード2、モード3、モード4まであります。

ドローンを購入すると最初の設定はモード2となっているのが一般的です。ただ、ドローンを細かく制御して精密な操縦をする場合にはモード1が適していいます。そのため、私が初心者の人たちにドローン操作を教えるときには、モード1に設定してから教えています。

（図表1-3）

モード	左のスティック	右のスティック
モード1	前後・左右旋回	上昇下降・左右移動
モード2	上昇下降・左右旋回	前後・左右移動
モード3	前後・左右移動	上昇下降・左右旋回
モード4	上昇下降・左右移動	前後・左右旋回

一方、モード2は、アクロバティックな飛行やドローンレースのようなスピードを競う飛行のときに適していると操作モードとされています。また、モード3はモード2の左右反対、モード4はモード1の左右反対のモードです。モード3もドローンレースに向いているほか、家庭用ゲーム機の操作に慣れている人は、モード3の設定が操作しやすいこともあるようです。

「どれくらいの距離」を「どれくらいのスピード」で飛べるのか

次にドローンの性能について見ていきましょう。現在、ドローンはさまざまなメーカーからいくつもの機種が発売されています。それぞれに最高速度や最高高度、バッテリーの持ち時間、カメラの画素数といったスペックが異なります。そこで、スペックの目安を記すと次の表のようになります。

（図表1-4）

最大速度	時速 15Km ～ 140Km 程度
最大高度	500 m程度 ※1
最大飛行時間	15 分～ 50 分程度
カメラ	1200 万～ 4800 万画素
静止画サイズ	3000×4000ピクセル～6000×8000ピクセル
動画サイズ	HD ～ 8K ／ 30fps ～ 120fps
最大伝送距離	～ 8Km 程度 (2.4GHz 帯／日本) ※2

※1 事前にドローンに設定されている高度の上限。最大運用高度は7000m程度（海抜）

※2 最大伝送距離はプロポから電波が届く範囲。この距離を超えてしまうと電波が届かずドローンを操作できなくなる

（図表1-5）

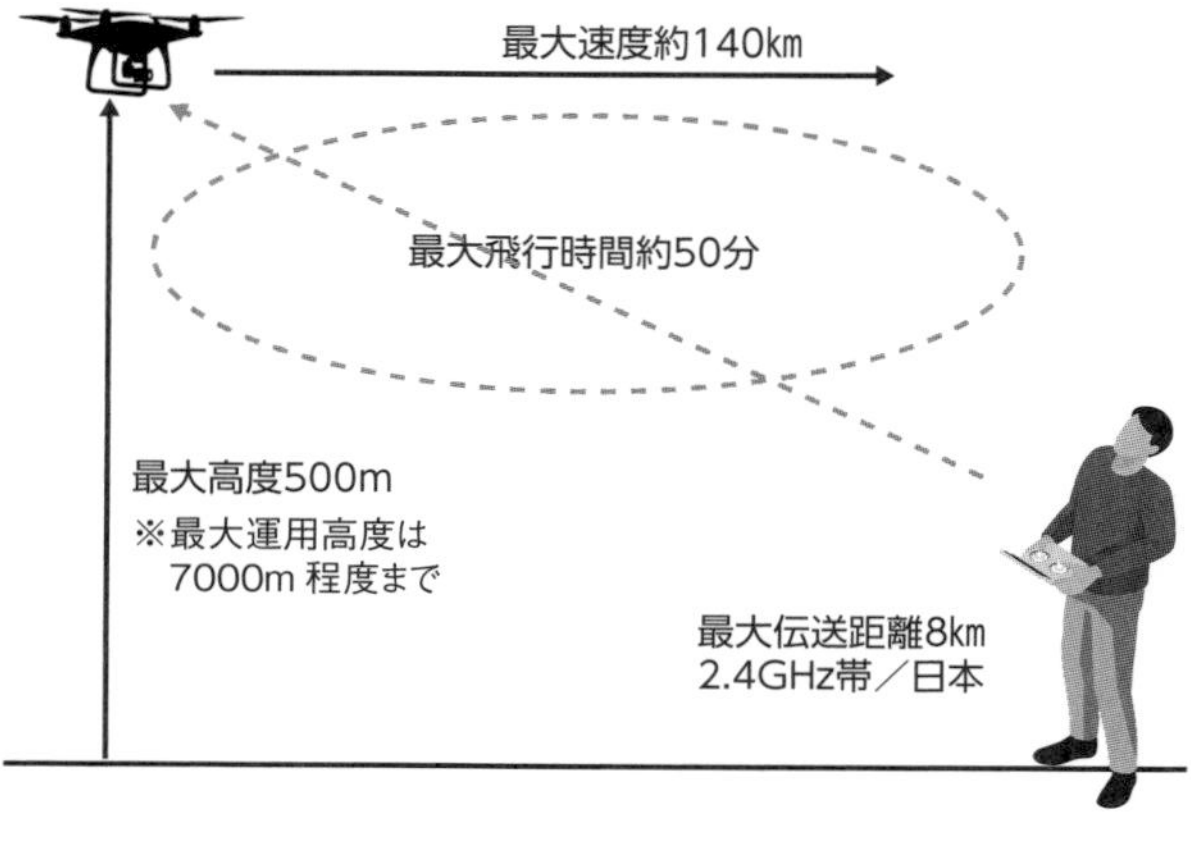

AIやレーザースキャナを搭載したドローンも登場

それでは、次にドローンでどんなことができるのかを説明します。ドローンは図で示すように、すでにさまざまな分野での活用が進められようとしています。

（図表1-6）

農業	農薬散布
	獣害対策
物流・配送	宅配
	緊急物資の配送
点検	橋梁やダムなどインフラの点検
	発電所やプラントの設備点検
	送電線の点検
空撮	観光用空撮
	不動産用空撮
	テレビコマーシャル等空撮
	イベント撮影
警備	施設巡回警備
建設・土木	測量
公共	災害調査

こうした活用領域が幅広いのもラジコンヘリなどと比べてのドローンの特徴といえます。そして、今、ドローンはますます高性能になっています。

上で示したような活用方法だけでなく、最新型ではAI（人工知能）を搭載しているドローンや、レーザースキャナを搭載したドローンも登場しています。

ＡＩを搭載したドローンなら、カメラで撮影した映像をリアルタイムで解析することができます。その機能を活用して、飛行中に撮影した映像から特定の人物を探し出すといった実験に成功しています。

また、レーザースキャナを搭載したドローンでは、例えば草木が生い茂って正確な地形がわかりにくい山間部でも、上空にドローンを飛ばして、レーザースキャナを地表に向かって照射することで地形を正確に測量できます。その測量データをもとに地形を３Ｄモデル化して表示することも可能になります。

初心者でもラクに使いこなせる！最新機能を備えたドローン

冒頭の動画でも紹介していますが、最近では初心者でも空撮を十分に楽しめる機種が登場していることに注目です。例えば、オート撮影機能を備えたドローンなら、撮影アングルを変えながら短めの動画を5カット程度、自動で撮影してくれます。さらに撮影した動画に音楽（ＢＧＭ）を付けて、ドローンを制御するプロポと呼ばれる送信機のモニターで再生してくれます。撮影したその場で、モニターでＢＧＭ付き動画を確認できてしまうのです。数万円～10万円以下で購入できるドローンにも、こうした機能を備え「初心者が使いたおして楽しめる」機種が増えています。

Check2

ドローンを初めて購入するときには、このマークを必ず確認！

ドローン初心者の中には、「初めてのドローン」をインターネット通販で購入しようという人もいるでしょう。そのときに注意していただきたいのが「技適マーク」の有無です。

技適マークとは、特定無線設備の技術基準適合証明等のマークの通称で、ドローンやプロポ（ドローンを制御する送信機）が、電波法で定められている技術基準に適合していることを証明するマークです。国産メーカーのドローンや日本の販売代理店で売られている海外メーカーのドローンには、きちんと技適マークが付いているものがほとんどですが、ネット通販やネットオークションなどで売られている中古品、海外で購入したドローン、並行輸入品などの中には技適マークが付いていないドローンも意外に多く、しかも他の機種よりも安価で販売されていることさえあるのです。

もし、技適マークが付いていないドローンを購入し、飛ばしてしまうと法律違反となってしまうおそれがあります。それだけでなく携帯電話での通信をはじめ、他人の通信やテレビ、ラジオなどの電波を妨害してしまうなど、日々の暮らしに影響をおよぼす可能性もあります。

技適マークが付いていても、5・7ギガヘルツ帯を使う産業用ドローンを飛ばすときには無線通信の資格が必要になるので、初心者の人たちがドローンを購入するときには、「2・4ギガヘルツ帯」と「技適マーク」を確認するようにしてください。

（図表1-7）

現在の技適マーク
(H7.4〜)

なお、自分が購入したいドローンが技適マークを取得しているのかどうかわからないときは、総務省の「技術基準適合証明等を受けた機器の検索」サイトで確認できます。目当てのドローンの型式などを調べて入力して調べることができます。
https://www.tele.soumu.go.jp/giteki/SearchServlet?pageID=js01

Check3

手軽に買えてここまで楽しい！初心者におすすめのドローン

ドローン初心者の中には、「まずは100グラム未満のトイ・ドローン（第2章101ページで詳細を説明）を買って、飛ばしてみたい」という人もいるでしょう。トイ・ドローンは価格も安価で手軽に購入でき、ドローンを飛ばす楽しみを味わえるのが魅力です。

しかも、100グラム未満のドローンなら、航空法の規制対象外なので比較的自由に室内をはじめ、公園などの屋外を飛ばすことができます。

ただし、このトイ・ドローン、小さくて軽量なだけに風の影響を受けやすく、じつは「屋外で飛ばすのが、なかなか難しい」のです。初心者が、「屋外でドローンを飛ばす練習をしたい」というときには、トイ・ドローンの中でも屋外の飛行に適した機種を選ぶようにしましょう。

おすすめなのは、ドローンの世界的なトップメーカーであるＤＪＩ社の技術が搭載された「Ｒｙｚｅ Ｔｅｃｈ Ｔｅｌｌｏ Ｐｏｗｅｒｅｄ ｂｙ ＤＪＩ」（以下、Ｔｅｌｌｏ《テロー》）というモデルです。わずか80グラムの小型ながらカメラを搭載しているので空撮も楽しめます。さらにスマートフォンでも操作でき、ワンタップで自動離陸・自動着陸する機能やＷｉ－Ｆｉ接続が切れたときには安全に着陸するフェールセーフ保護機能、空中でその場で停止するホバリングをサポートする機能を備えています。

もうひとつ、トイ・ドローンではありませんが、冒頭の動画で紹介している同じくＤＪＩ社の「Ｍａｖｉｃ Ｍｉｎｉ」という小型のドローンも初心者にはおすすめです。トイ・ドローンと比べて屋外でも風の影響を受けにくく、カメラのズーム、ホバリング、旋回などの機能の高さは冒頭の動画をご覧いただけるとおわかりになると思います。

氷の上を滑らせるように？
初心者が押さえておきたい操作のポイント

「Ｔｅｌｌｏ」のような高機能なトイ・ドローン、もしくは「Ｍａｖｉｃ Ｍｉｎｉ」などの小型ドローンを使って、ドローンを飛ばす楽しさを味わいたいという人に、ぜひとも覚えておいていただきたい操作のポイントを説明します。

まずは、ドローンの操作に慣れるまでは、人や建物を避けてドローンを飛ばして撮影をするのがいいでしょう。海岸や河川敷などで風景だけを撮影する練習をしてみるのがおすすめです。

その際、最初はドローンを垂直に3メートルくらいの高さまで上昇させて下降させるという操作を繰り返し、次に上昇したあとに水平に動かしてみてください。注意していただきたいのは、「ドローンを傾けない」ということ。空中でまるで「氷の上を滑るように」ドローンを水平に動かすことにチャレンジしてみましょう。

ドローンを傾けずに水平に動かすということは、カメラで撮影するときに画角が傾かないということになります。狙った被写体をきちんとドローンのカメラで撮るためにも、まずは、ドローンを水平に保って移動させる技術を身につけましょう。イメージとしては、ドローンが空中での三脚となり、常に水平を保ったままカメラが滑るように空中を移動する感じです。

この操作技術を身につけて、河川敷などで風景を撮影するだけでも、これまでとは違った映像を自分で撮れたことに喜びとワクワク感を感じると思います。

また、ドローンの初心者は、飛ばし始めるとすぐに録画を始めてしまい、着陸するまでの数十分程度の間、「ずっと撮影しっぱなし」となってしまうことがあります。これでは撮影した動画を転送するのも、動画を編集するのも時間がかかります。

ドローンを垂直に離陸させて、水平に動かせるようになったら、次はお目当ての被写体のそばまでドローンを飛ばして、カメラのアングルを変えながら20秒程度の動画を5カット程度、撮影してみるのがおすすめです。こうした練習で、カメラの角度の調整の仕方などを覚えていくことができます。

なお、ドローンの操作に慣れてきたときほど、ドローンを建物の壁や街路樹などにぶつけないように気をつけてください。ドローンの空撮で広角レンズを使っていると、つい被写体に近づきすぎてしまいます。さらに、ビジョンセンサーが付いているドローンの場合、障害物との距離をセンサーがキャッチして、ぶつからないように速度を落としたりするのですが、このビジョンセンサーの機能を信じすぎると、思わぬところで建物などにぶつかってしまうことがあります。まずは目視でしっかりとドローンを確認しながら飛ばして練習を重ね、操縦技術を身につけていってください。

さて、ここまでドローンの基本的な機能や操作のポイントなどを説明してきました。続いては、初心者でも無理なく飛ばせるミニ・ドローンで実際に空撮するとどんな映像が撮れるのか、さらには、より高機能なドローンの操作をマスターすると「こんな映像も撮れるようになる」というサンプルを、私がこれまで撮影してきた映像を紹介しながら、お伝えしたいと思います。

ＹｏｕＴｕｂｅにアップしているそれらの空撮映像のＵＲＬ、ＱＲコードも紹介しますので、本書を読みながらぜひアクセスして、ご覧になってください。

それでは、一緒にドローンの魅力に迫っていきましょう。

初心者でも手軽に
映画のワンシーンのような映像を

■映像1：特定飛行にかからない空撮サンプル
→使用機体：Mavic Mini（DJI社）

まずは、冒頭の17ページでご紹介した映像の詳細を説明しましょう。ここで紹介しているのは、タイトルにあるように「特定飛行」（59ページで説明）に該当しない空撮です。

航空法では、人が多く集まっている人口集中地区（映像の中ではDIDと表記）の上空や、人や物件から十分な距離（30メートル以上）を確保できない状態での飛行、目視外での飛行などが「特定飛行」とされ、事前に国土交通省への申請と承認が必要になりますが、この映像で紹介しているのはいずれも「DID以外の地域」で「人や物件から30メートル以上離れた」、「目視飛行」で撮影しています。そのため、申請や承認が不要なのです。

映像をご覧いただくとおわかりのように、国土交通省に飛行申請が不要な空撮でも、渓流の水面ぎりぎりにドローンを飛ばしてローアングルの迫力ある映像を撮影したり、海の岩場で釣りをしている女性を映画のように（シネマティック）に撮影したりできるのです。

とくに、この岩場で釣りをする女性の撮影では、安全確保のために女性とドローンとの距離を30メートル以上としていることはもちろん、飛行高度も10メートル以下としています。この撮影で使用したＭａｖｉｃ Ｍｉｎｉのような小型ドローンは高く飛びすぎると風の影響を受けてしまい、安全に綺麗な映像を撮影するには高度な技術が必要になります。とくにドローンは水平距離を飛ぶよりも高く飛ぶことのほうが難しいので、初心者は10メートル以下の高さまでにとどめておいたほうが安全です。「たった10メートル」と思うかもしれませんが、それでもここまでドラマティックな映像を撮影できるのです。

もうひとつ。この岩場で釣りをする女性の撮影では、「ノーズインサークル」という撮影技術を用いています。これはドローンのカメラを被写体に向けたまま、被写体を中心にドローンを旋回させる空撮技法で、ドローンに慣れてきて脱初心者を目指す人には、ぜひ習得していただきたい技術のひとつです。

サンプル映像のラストは、陸上から海上へと飛行するドローンでの撮影です。陸上と海上をシームレス（継ぎ目のない）に移動できるドローンならではの映像といえるでしょう。

ドローンを使いこなせば、さらに魅力的な映像が撮れる！

続いては、私がこれまでに日本各地を回ってドローンで撮影した映像をご紹介します。私は、一年のうち約7割はドローンを持参し、絶景や秘境と呼ばれるさまざまなエリアを巡って撮影をしています。

そうして撮影した数ある作品の中には、普段は人が入れないような未開の地で撮影した映像や、ユニークな手法を使って撮影した作品も数多くあります。ここでは、撮影をした場所や撮影に使ったドローンの機体の情報、撮影のポイントなどを紹介します。

■映像２：手付かずの南の無人島の砂山でサンドスキーを決行
→使用機体：Ｐｈａｎｔｏｍ ４ Ｐｒｏ（ＤＪＩ社）

まず紹介したい作品は、奄美大島にあるハミャ島という無人島で撮影した作品です。

（映像2-1）

無人島でのサンドスキーを空撮
https://www.youtube.com/watch?v=yh77QWj6h5g

ハミャ島は、船をチャーターして行く無人島で、加計呂麻《かけろま》島という島からおよそ40分くらいのところに位置しています。

手付かずの自然が残るこの島の特徴は、砂の斜面があること。映像を見ていただくとおわかりの通り、砂山の斜面でサンドスキーをし、その様子をドローンで空撮しました。

撮影のポイントは いかに海を蒼く見せるか

ハミャ島では、とても美しい海の上にドローンを飛ばしての撮影もしています。この撮影でこだわったポイントは、「いかに海を蒼く見せるか」です。

（映像2-2）

光の反射を抑えて海の蒼さをとらえることのできる角度を探すのがポイント
https://www.youtube.com/watch?v=NoEvug61KEg

海を撮影するときに難しいのは、海に照りつける太陽の光の反射をどう抑えるかということ。太陽の光が海に反射すると、水面一体が白く光ってしまい透き通った蒼色をうまくとらえることができません。

そこで、撮影する角度を工夫します。どの角度からであれば、反射を抑えられるのかを実際にドローンを飛ばして、映像をモニターで確認しながら素早く探し出すのです。

「映像２－２」を見ていただくと、カヌーが完全に宙に浮いているように見えませんか？　ハミャ島で撮影した映像のワンシーンですが、角度に配慮することでこうした映像を撮影できるようになります。

ベストな撮影角度を探し出す楽しさも

ドローンのモニターを見ながらベストな角度を探し出すことができると、びっくりするような風景に出会うことができます。そして、このベストな角度を、モニターを見ながら探っていくところにドローン撮影ならではの面白さがあります。今や正しい技術と知識を持てば、たった一人でモニターでベストな角度を確認しながら撮影できてしまうのです。それが、ドローン空撮のすごいところです。

■映像３：海の蒼さを真上からとらえた映像美
↓使用機体：Ｐｈａｎｔｏｍ ４ Ｐｒｏ（ＤＪＩ社）

次も海の蒼さをうまくとらえた映像を紹介します。９分20秒あたりから再生してみてください。モルディブのような蒼い海ですが、実は国内で撮影したものです。光の反射を抑

（映像3）

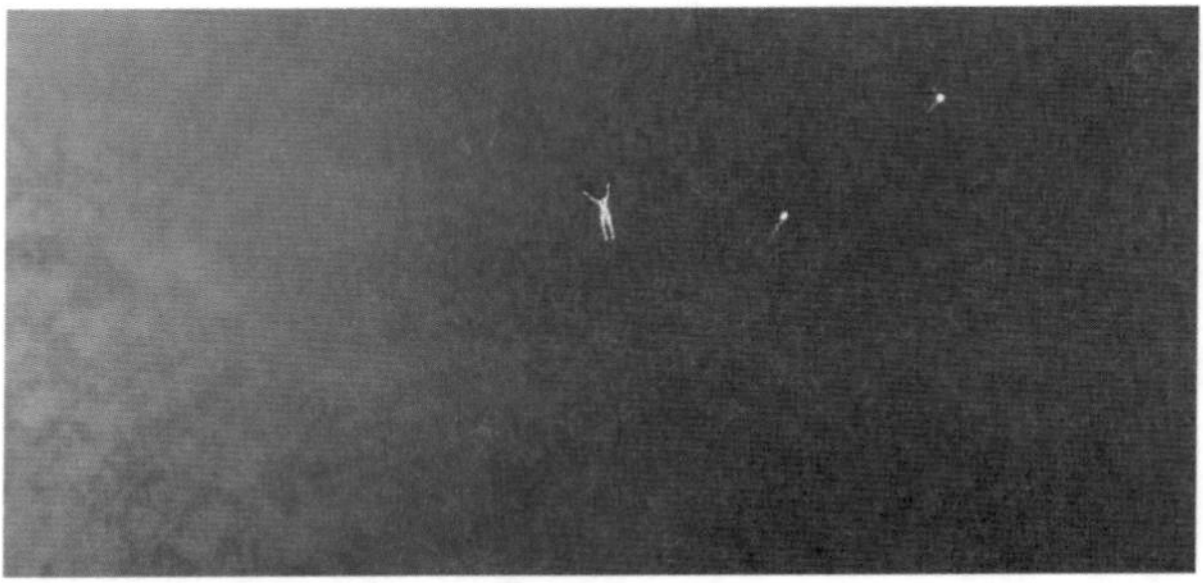

海の蒼さを空撮でとらえた映像
https://www.youtube.com/watch?v=gQ__zPpk3k

えて海の蒼さを引き出すのにベストな角度を見つけ出すことができれば、このような美しい映像の撮影も可能なのです。

泳いでいるのは、たまたま観光で来られていたスペイン人の女性です。優雅に海を泳がれていたので、被写体になってほしいと依頼して撮影しました。後で簡単に編集した作品をプレゼントすると、とても喜んでくれました。

この映像も、いかに太陽の光の反射を抑えてベストな角度で蒼く輝く海を撮れるかがポイントでした。この泳いでいる女性のおかげもあって、まるで映画のワンシーンのような映像を撮ることができました。これもドローンだからこそ撮れた映像です。

地上からしか撮影できないカメラでは撮れない

映像ですし、そうかといってヘリを急に用意することもできませんが、ドローンであれば思いたったときに上空から撮影することができます。

そして、この映像をもう一度よく見てほしいのですが、9分20秒過ぎ頃に左上に大きなウミガメが映っていました。撮影したときには気づいていなかったのですが、後で動画を確認した際に映り込んでいたものです。こういう思わぬものが映り込んでいるのを後で映像を見ながら発見することがあるのもドローン空撮の楽しみのひとつです。

■映像4：ドローンで未開の山を撮り下ろす
→使用機体：Mavic Air（DJI社）

北海道のど真ん中に位置する雪山で、トムラウシというエリアで撮影した作品を紹介します。

この撮影で使用した機体は、DJI社の「Mavic Air」です。というのも、映像からおわかりの通りまさに秘境で、徒歩でしか行けない場所でした。たどり着くまでに3日もかかり、とにかく荷物の重量を軽くしたかったのです。

（映像4）

徒歩でしか行けない未開の地をドローンで空撮
https://www.youtube.com/watch?v=8ztqd0eGj5U

トムラウシは大雪山国立公園の山のひとつで、大雪山国立公園は北海道で最も歴史ある国立公園のひとつです。神奈川県とほぼ同じ面積で、トムラウシはそのほぼ中心にそびえる山です。実際の撮影では、旭岳からトムラウシまでの全行程を三泊四日で歩き続けました。ザックはキャンプ道具とドローンなどの撮影機材を合わせると30キロにもなるほどでした。

雪のトムラウシでの幻想的なシーン

雪山の魅力はなんといっても、シンプルかつ非日常な幻想的な風景にあります。

それをなんとかドローン撮影でうまく伝えた

（映像5）

雄大な雪原をドローンで撮影
https://www.youtube.com/watch?v=F4tRjisQ4Go

いと考えました。色も雪の白と空の色以外はありませんし、静寂な雰囲気がなんとも言えないほど美しい風景を生み出してくれるのです。

さらに、この美しい雪山とドローンの相性はとても素晴らしく、ドローンを使えば「雪山に足跡を残すことなく」、綺麗なままでさまざまな風景を撮影することができるのです。

■映像5：雄大な雪原をドローンで撮影（ドリー撮影）

↓使用機体：Mavic Pro（DJI社）

映画などの撮影ではカメラを正しく水平に動かすためにドリーと呼ばれる「タイヤ付きの台車」を使用することがあります。レールを敷いて、その上にカメラを積んだドリーを走らせて撮影するのです。

この方法は、陸上競技の短距離などでランナーと並走しながら撮影するときなどでよく使われています。

このドリー撮影をドローンでも実現できます。それが、映像5で紹介した動画です。空撮なのでもちろんドリーもレールも使いません。

レールもドリーも使わずにどうやってカメラを水平に保って撮影をするのか。ドローンには、ジンバルという最新テクノロジーが採用されています。そのテクノロジーをうまく活用すれば、レールを敷かなくても安定してなめらかに撮影することができます。

また、ここで紹介した映像をご覧になると、21秒頃以降に雪が若干、波打っているように見えます。これは「風紋」と呼ばれるもので、この風紋は地上からでは撮影できず、真上からでなければしっかりとカメラに収めることができません。

このように、地上からでは撮影するのが難しい貴重なシーンも、ドローンを使えば撮影し記録に残すことができるようになるのです。この風紋をご覧になると、「実際の雪原はこんなふうになっているんだ」と驚く人も多いのではないでしょうか。

■映像6：レインボーブリッジ周辺を「鳥の目」で空撮
→使用機体：Inspire 2（6K撮影・DJI社）

ここで、ちょっと変わった作品として、大都市など人口集中地区（DID）の上空にドローンを飛ばして6Kで撮影した映像をご紹介しましょう。撮影地は、東京のレインボーブリッジの周辺です。

市街地など人口が集中している地域は、人口集中地区（DID、詳細は第2章で説明）と呼ばれる場所にあたります。その上空でドローンを飛ばすには、国土交通省への飛行申請と承認が必要になります。

それだけでなく、ドローンで空撮に映り込む可能性のある関係各所からも事前に撮影の許可を取得し、さらにドローンの飛行経路の下に撮影者や補助者などの関係者以外の第三者が立ち入らないようにするために監視員を配置するなど、安全対策を万全にする必要があります。

「そこまで準備するのは大変」と思われるかもしれませんが、ドローンの操縦技能を身に

（映像6）

関係各所の許可を取得して撮影しています。DID上空の飛行は監視員の設置、安全管理措置を講じた飛行が基本となります
https://www.youtube.com/watch?v=fti5S1h4JfU

つけ、安全対策をきちんとすれば、この動画のような映像作品を撮影できるのです。

この動画の後半、45秒頃からは、海面を走る小型の船が波紋を引きながら進んでいく様子を撮影しています。船が進んでいく後に、このような波が立つシーンは、普段、私たちが暮らしている地上からはなかなか目にすることができない光景です。

「見慣れている」と思ってしまう市街地の風景にも、ドローンを飛ばして「鳥の目」になって見てみると、思いがけない発見がある、それがドローンでの空撮の楽しみのひとつです。

いかがでしたでしょうか。ここでは語り尽

くせないくらいにドローンには魅力がありますが、実際にドローンを飛ばして撮影などを楽しむには、さまざまな規制やルールを理解し、安全に飛ばすための操縦技術も身につけなければなりません。第2章以降で規制やルール、ドローンを飛ばすときの飛行申請の方法、国家資格となったドローンの技能証明などについて詳しく説明していきます。

第2章

知っておきたい！
ドローンを飛ばして「いい場所」「いけない場所」

手軽に楽しめるようになったからこそ気をつけたいこと

つい先日のことです。知り合いのお子さんが通っている高校で、PTAの役員から「体育祭でドローンを飛ばして子どもたちを撮影したい」という声があがったそうです。ドローンをネット通販などで手軽に購入できるようになったこともあって、最近では自分でもドローンを飛ばして美しい景色や街並み、スポーツやレジャーを楽しんでいる様子を「空撮」したい、それらをSNSにアップしたいという人が増えているのではないでしょうか。

また、趣味でドローンの空撮を楽しみたいという人だけではなく、プロの写真家やカメラスタッフ、映像作家といった人たちの中にもドローンによる撮影にチャレンジしてみたいと考えている人たちは増えています。

実際、テレビのドキュメンタリーや旅番組などで、ドローンで撮影したと思われる美しい映像を目にすると、「自分でも撮ってみたい」と思う人もいるでしょう。

ドローンによる撮影は、これまでは専門的な機材や機器、設備を持つ映像制作会社などでないと難しいとされていた空撮映像を「個人レベルでも撮れるようになる」という意味でとても魅力的です。ですから、ぜひとも多くの人にチャレンジしていただき、ドローンによる撮影の楽しさや魅力、可能性をみなさんに体感していただきたいと考えています。

ただし、軽い気持ちでドローンを飛ばして撮影すると、知らず知らずのうちに法律違反を犯してしまうケースがあるので注意が必要です。場合によっては、そうした人たちが逮捕されてしまったという事例もありました。

また、ドローンを手軽に購入できるようになったことで、ドローンに初めて触れるという人も多くいます。操作に慣れていない初心者が、住宅地や街中で人が集まるような場所に墜落させてしまったというアクシデントも、これまでにいくつか報道されています。

ドローンは今や多くの人たちにとって、とても身近なものになりましたが、だからこそドローンを飛ばすときには法律や条例などのルールを守ること、そして、ドローンを安全に飛ばせる技能を習得することが求められているのです。

ドローンは「航空機」！
だから航空法の規制を受ける

法律や条例などのルールを守ること、ドローンを安全に飛ばすための技能が求められているということは、裏を返せば技能を習得してルールを守ればドローンを飛ばしてさまざまなことができるようになるということにもなります。ルールを守り、一定以上の技能を身につければ、先に紹介したお子さんの体育祭での撮影などもできるようになるのです。

それでは、どんなルールを守ればいいのでしょうか。

まず、大前提としてみなさんに覚えておいていただきたいのは、ドローンは「航空機」であるということ。これは第1章の冒頭でも触れています。航空機ですから航空法が適用され、その飛行方法などが規制されています。

その他にも、「小型無人機等飛行禁止法」や道路交通法、自然公園法など、ドローンを飛ばす場所や時間帯などによって、いくつか法律に抵触するおそれがないかを確認する必要があります。

【ドローンの飛行に関連するおもな法律】

・航空法
・小型無人機等飛行禁止法
・プライバシーの侵害・肖像権
・道路交通法
・重要文化財保護法
・電波法
・民法
・自然公園法
・河川法

このうち、小型無人機等飛行禁止法は、正式名称を「重要施設の周辺地域の上空における小型無人機等の飛行の禁止に関する法律」といい、国会議事堂、総理大臣官邸、その他の国家の重要施設や外国公館、防衛関係施設、原子力事業所の周辺地域などの上空におけるドローンの飛行の禁止について定めています。

まずは、こうした法律があることを念頭においた上で、ドローンでの撮影にチャレンジするなら、「どういうルール」を「どう守ればいいのか」を知っておく必要があるのです。

ドローンを飛ばしていい場所、いけない場所

まず、覚えておいていただきたいことは、ドローンをどこで飛ばしてもいいわけではないということです。例えば、東京都全域は基本的には「人口集中地区（ＤＩＤ、詳細は後述）」に指定されていることが多く、勝手にドローンを飛ばすことは禁止されていますし、地方でも飛行禁止エリアは多数存在しています。

規制が厳しくなったきっかけには、２０１５年4月22日、首相官邸にドローンが侵入、落下した事件があります。この事件で世間に広くドローンが知られるようになり、規制も一気に厳しくなっていきました。

実際、その年の12月10日には改正航空法が施行され、飛ばしていい場所と飛ばしてはい

けない場所が法律で定められ、これを無視してドローンを飛ばすことは明確な法律違反となったのです。

ドローンを手に入れたら、さまざまな場所で飛ばして空撮を楽しみたいという気持ちが湧いてくるでしょうが、実際に飛ばして空撮する前に違法行為にならないかについて、法律や規制をしっかりと理解しておかなければなりません。

飛ばしていいかどうかの判断は、「空域」と「飛行方法」がポイント

ドローンを飛ばすときには次の4つのケースがあることを、理解しておいてください。

①飛行が禁止、もしくは原則禁止されているケース
②国土交通省への飛行申請が必要で、承認されれば飛ばせるケース
③国家資格制度「無人航空機操縦者技能証明」の「一等無人航空機操縦士」と「第一種機体認証」が必要となるケース（第4章で詳細を説明）

④飛行申請も国家資格も必要なく、（比較的）自由に飛ばせるケース（本章の99ページで詳細を説明）

自分がドローンを飛ばそうとしているときには、ここで示した4つのケースのうちのどれにあたるのかを考える必要があります。そのときにポイントとなるのが、どこで飛ばそうとしているのかという「空域」と、どのように飛ばそうとしているのかという「飛行方法」です。

「空域」と「飛行方法」によって、飛行が禁止、もしくは原則禁止されたり、国土交通省への飛行申請と承認が必要となったり、さらには第4章で説明している国家資格の一等無人航空機操縦士と第一種機体認証がセットで必要となったりするということです。

順番に見ていきましょう。まず、①飛行が禁止されているのは、先に説明した小型無人機等飛行禁止法により定められている、国会議事堂、総理大臣官邸、その他の国家の重要施設や外国公館、防衛関係施設、原子力事業所の周辺地域の上空（空域）などです。

飛行が原則禁止されているのは、「緊急用務空域」です。緊急用務空域とは、大規模な災害などで消防や救助、警察などの緊急業務が必要となったとき、航空機の飛行の安全を確保するために国土交通大臣がドローンなどの無人航空機の飛行を禁止する空域のことです。

次に②の国土交通省への飛行申請が必要で、承認されれば飛ばせるケースを考えてみます。国土交通省への飛行申請と承認が必要になるのは、次に説明する「特定飛行」に該当する場合です。

ドローンを飛ばすなら覚えておきたい「特定飛行」とは

「特定飛行」とは耳慣れない言葉ですが、ドローンを飛ばしたり空撮を楽しんだりするときには、この「特定飛行」という用語の意味をしっかりと頭に入れておかなくてはなりません。

航空法では、国土交通大臣の許可や承認が必要となる空域や方法での飛行を「特定飛行」としています。

具体的には、次に示すような「空域」と「飛行方法」で飛ばす場合が「特定飛行」に該

（図表2-1）「特定飛行」に該当する空域

150m以上の高さの空域(C)
安全性を確保し、許可を受けた場合は飛行可能
空港等の周辺(進入表面等)の上空の空域(A)
安全性を確保し、許可を受けた場合は飛行可能
人口集中地区の上空(D)
安全性を確保し、許可を受けた場合は飛行可能
緊急用務空域(B)
原則飛行禁止
A～D以外の空域
許可不要

この空域でドローンを飛ばす場合には国土交通省への申請と承認が必要となる。ただし、緊急用務空域は原則飛行禁止

国土交通省ホームページより作成

当します。

【空域】特定飛行に該当する空域

・空港等の周辺（進入表面等）の上空の空域

・人口集中地区（DID）の上空
　※DIDについては後述

・地表から150メートル以上の高さの空域

・緊急用務空域 ※原則飛行禁止

　これらの「空域」を飛行する場合には「特定飛行」に該当します。

（図表2-2）特定飛行に該当する飛行方法

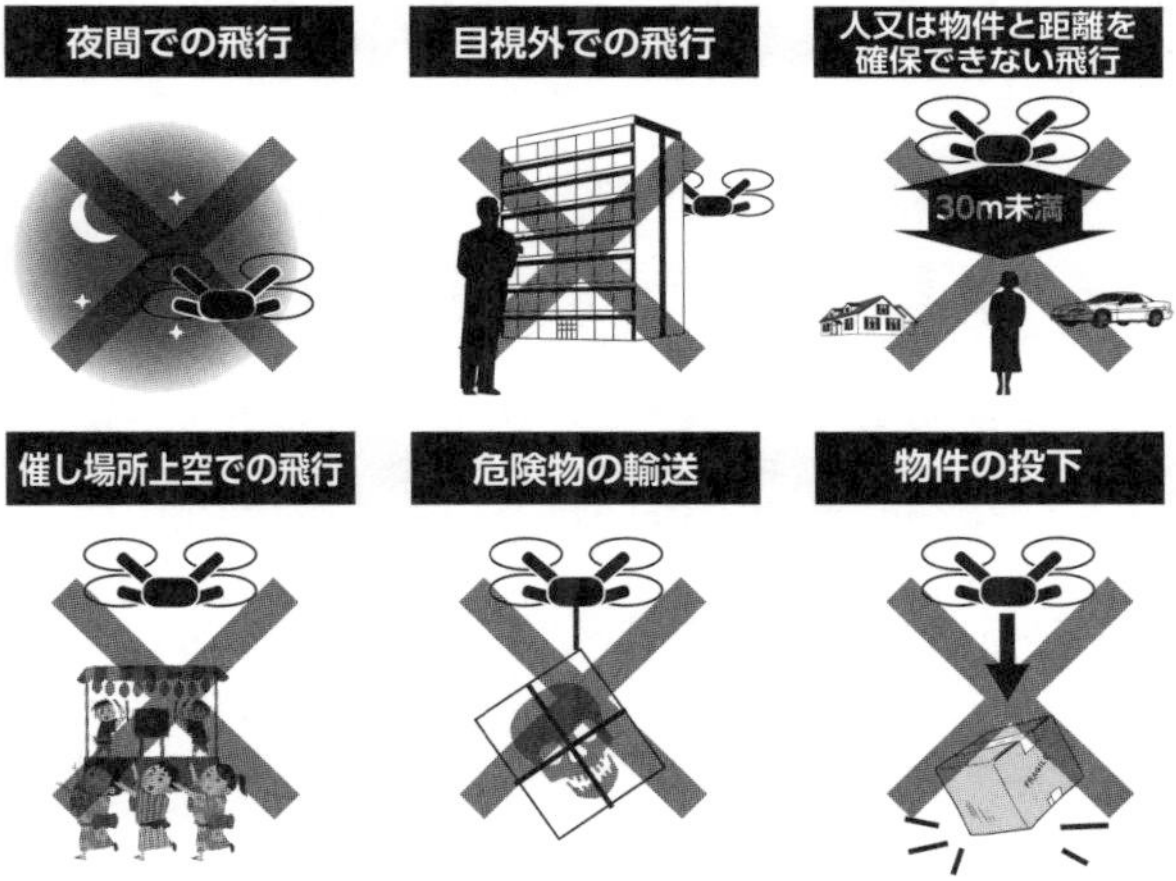

これらの方法でドローンを飛ばすときには国土交通省への飛行申請と承認が必要になる

国土交通省ホームページより作成

【飛行方法】特定飛行に該当する飛行方法

・夜間飛行
・目視外飛行
・人または物件と十分な距離（30メートル以上）を確保できない飛行
・催し場所（イベント等）上空での飛行
・危険物の輸送
・物件の落下

これらの空域、もしくは飛行方法でドローンを飛ばすときには、国土交通省への飛行申請と承認が必要になります。理解しておいていただきたいのは、「空域か飛行方法のどちらかひとつでも該当すれば特定飛行になる」ということ。例えば、「空港等周辺」で「夜間での飛行」だから「特定飛行」に該当するのではなく、空港等の周辺を飛ばすときには、夜間でも昼間でも特定飛行に該当するということです。国土交通省への飛行申請・承認を取得せずにドローンを飛ばした場合には、懲役または罰金が科せられます。

一方、「特定飛行」に該当しない飛行であれば、国土交通省への飛行申請は基本的には不要となります。

「国家資格」と「機体認証」が必要となるのはどんなとき?

次に、③の国家資格の「一等無人航空機操縦士」と「第一種機体認証」が必要となるケースについて説明します。詳細は第4章で説明していますので、ここでは簡単に概要を記します。

先に説明した特定飛行では、「立入管理措置」をするかしないかによって、万が一、ドローンが落下したときの被害の大きさが変わってきます。立入管理措置とは、ドローンが飛んでいる下（ドローンの飛行経路の下）に操縦者、補助者以外の第三者が入ってこないように、飛行経路の下にロープやコーンなどで立入禁止エリアを明確に示すことです。この「措置をするか、しないか」がポイントになります。

立入管理措置をするということは、ドローンの飛行経路の下に「第三者が入ってこない」ようにするということ。例えば、運動会や体育祭、お祭りなどのイベントで立入管理措置をすると、イベントに参加したり楽しんだりしている「第三者の真上にはドローンを飛ばさない」ことになります。

反対に立入管理措置をしない場合には、ドローンが飛んでいる下に第三者がいる可能性がでてきます。運動会や体育祭、お祭りなどのイベントで考えると、参加者など第三者の真上をドローンが飛ぶことも想定されます。

こうした場合には、2022年12月からスタートした新制度にもとづき、ドローンの操縦技能の国家資格である「一等無人航空機操縦士」と、安全性が確保されたドローン（機体）であることを示す「第一種機体認証」を「セットで取得」することが求められるようになりました。

「セットで取得」ということは、国家資格である「一等無人航空機操縦士」を取得するだけでは不十分で、国家資格を取得した上で安全基準を満たしたドローン（機体認証を受けたドローン）を飛ばすことが求められているということです。

なお、立入管理措置をしっかりとしてドローンを飛ばすのであれば、国家資格である一等無人航空機操縦士を取得していなくても国土交通省に申請し承認されれば、飛ばすことができます。

それでは、ここからはどんな場所やどんなときならドローンを飛ばしての空撮が楽しめるのか、少し具体的に見ていきましょう。

ケース1

運動会を撮影したい！ 学校の校庭ならドローンを飛ばしてもいい？

冒頭で記した知り合いの話のように、お子さんが通っている小学校や中学校、高校などでの運動会や体育祭の様子をドローンで撮影したいと考えている保護者の方々は多いようです。保護者の中には、ご自身がプロのカメラスタッフでドローンでの撮影経験があるという人もいるかもしれません。

そんな場合には、学校側も「プロで経験も豊富な人が撮影してくれるなら、ぜひお任せしたい」と思ってしまうかもしれません。実際、ドローンでの撮影はできるのでしょうか。

＜答え＞

先に説明した立入管理措置など安全対策を万全にして国土交通省に飛行申請し、承認されればドローンを飛ばして運動会や体育祭を空撮することは可能です。

ただし、競技をしている子どもたちの上空にドローンを飛ばして迫力ある映像を撮りたいと思うのなら、第４章で説明している国家資格である「一等無人航空機操縦士」と「第一種機体認証」をセットで取得しておくことが必須で、その上で国土交通省の飛行申請と承認が必要です。

▼ポイント

おもに次の理由から「特定飛行」に該当すると考えられ、国土交通省への飛行申請と承認が必要です。

・空域が特定飛行に該当

都市圏では小・中学校や高校など学校が、航空法によって定められている「人または家屋が密集している『人口集中地区』（Densely Inhabited District の頭文字を取ってＤＩＤと呼びます）」にある可能性が高い。

・飛行方法が特定飛行に該当

（ＤＩＤ以外にあったとしても）小・中学校や高校の校庭（敷地内）では、航空法が定める「人や物件から30メートル以上離して飛行させる」だけの十分なスペースを確保できないことが多い。

・飛行方法が特定飛行に該当

運動会や体育祭が航空法で規制される「催し場所（お祭りやイベント）上空での飛行」に該当する。

▼**解説**

ドローンを飛ばすときには、「空域」と「飛行方法」によって特定飛行に該当するかどうかを確認し、特定飛行に該当する場合には国土交通省への申請と承認が必要となることは先に説明しました。ここでも、空域と飛行方法の視点で説明します。

まずは、空域です。

都市圏では、小・中学校や高校など学校がある場所や地域が、ＤＩＤに指定されているケースはよくあります。

このＤＩＤと呼ばれる空域でドローンを飛ばす場合は特定飛行に該当し、国土交通省への申請と承認が必要になります。ＤＩＤでの飛行は、たとえ該当する場所が学校の校庭だったり自宅の敷地だったり、その他の私有地であっても国土交通省への飛行申請が必要となります。

そこで、まずは、お子さんが通う学校が、ＤＩＤのエリアにあるのかどうかを調べる必要があります。国土地理院ではこうしたＤＩＤを確認することができる地図をＷｅｂ上で公開しています。

次に飛行方法です。

小学校や中学校、高校のある場所がＤＩＤに該当していない場合でも、ドローンを飛ばすには航空法に定める「飛行方法に関する規制」をクリアしなければなりません。

その「飛行方法に関する規制」では、国土交通省への飛行申請をせずに飛ばせる条件として、「人や物件から30メートル以上離して飛行させる」としています。

この規制について「上空をドローンが飛んでいるときに、人や建物から30メートル以上、離しておけばいいのでしょう」と勘違いをしてしまう人もいるようです。

じつは、この規制は、飛んでいるときだけでなく、ドローンが離着陸するときにも適用されます。つまり、ドローンが飛び立つときも着陸するときも、ドローンから30メートル以内に人や物件があってはいけないのです。

もし、学校の校庭など敷地内（体育館など屋内を除く）でドローンを飛行させる場合には、ドローンの離着陸場所を中心に半径30メートルの円を描き、その範囲内に児童・生徒、教職員、保護者などの人、校舎や運動会・体育祭で使用する椅子、ベンチ、テントなどの物件があってはいけないということになります。

つまり、ドローンの離着陸場所を中心に直径60メートルもの「何もないスペース」を確

（図表2-3）国土地理院 人口集中地区（DID）地図

国土地理院の地図で、自分がドローンを飛ばそうとしているエリアがDIDの指定区域かどうかを確認できる

保しないとならないのです。広い敷地のある学校であればこれだけのスペースの確保はできるかもしれませんが、一般的な公立小・中学校や高校では難しいのが実情ではないでしょうか。

こうしたスペースを確保できない場合には、国土交通省への飛行申請と承認が必要になります。

もうひとつ、飛行方法の視点では運動会や体育祭は、「催し場所（お祭りやイベント）上空での飛行」で特定飛行に該当し、国土交通省への申請と承認が必要になります。

これらに加えて、その他にも安全確保のための措置を講じる必要があると考えられます。

（図表2-4）

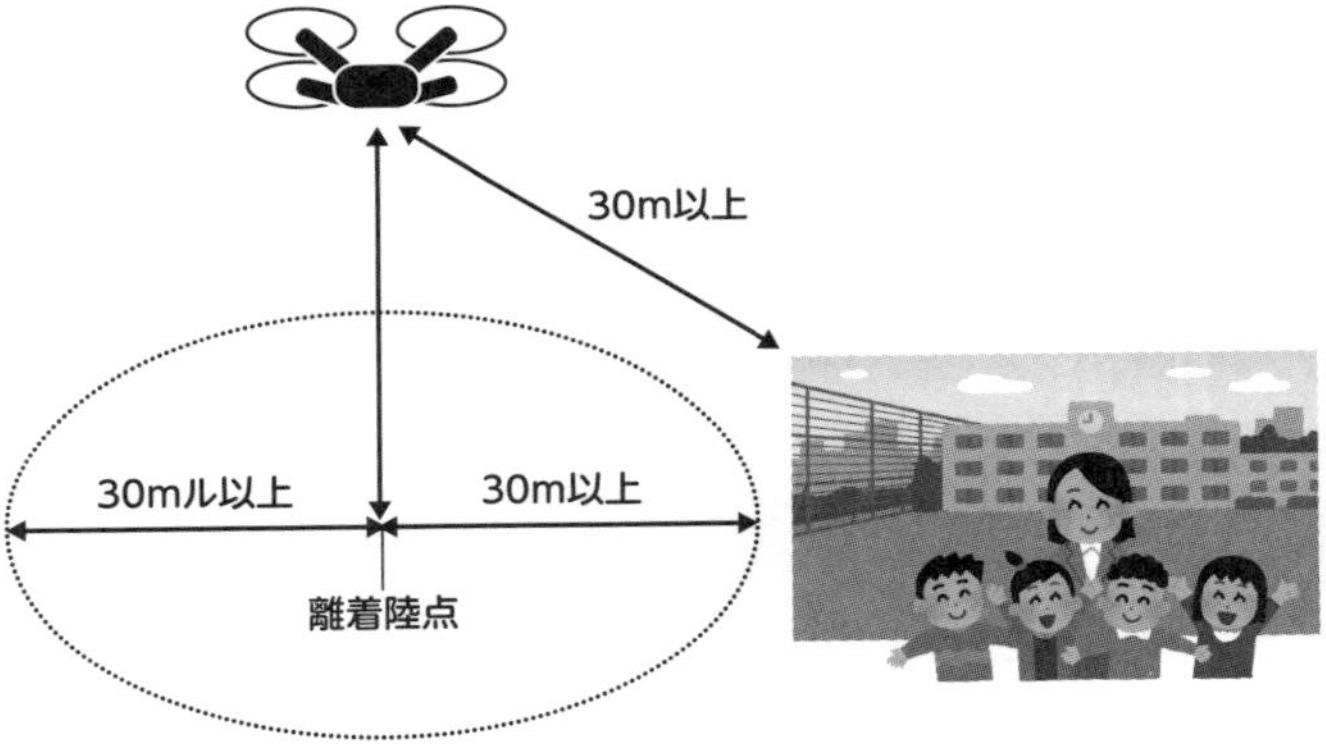
30m以上
30mル以上
30m以上
離着陸点

離着陸点を中心に半径 30 メートル以上の円を描けるだけのスペースが必要

例えば、主催者である学校側と調整しながら立入禁止区画を設定することもそのひとつです。これは、ドローンを飛ばす高度によって図表2－5に示すように定められています。

なお、このような措置を講じた上で国土交通省に飛行申請をして、承認されたとしても、実際に短距離走や綱引きなど競技をしている児童・生徒の上空にドローンを飛ばして撮影することは、残念ながら認められません。

競技をしている児童・生徒の上空にドローンを飛ばして撮影する

（図表2-5）

飛行高度	立入禁止区画の範囲
20m 未満	飛行範囲の外周から 30m 以内の範囲
20m 以上 50m 未満	飛行範囲の外周から 40m 以内の範囲
50m 以上 100m 未満	飛行範囲の外周から 60m 以内の範囲
100m 以上 150m 未満	飛行範囲の外周から 70m 以内の範囲

ドローンの飛行高度によって立入禁止区画の範囲が異なる

には、新たに制度化されたドローンの国家資格である一等無人航空機操縦士と第一種機体認証をセットで取得しておき、さらに国土交通省への飛行申請と承認が必要です。これについては、第4章で詳しく説明します。

これらのことから、小・中学校や高校の運動会や体育祭でのドローン撮影は、離着陸時を含めた十分なスペースの確保や安全確保のための立入禁止区画の設定など、「ハードルが高いな」と感じた読者も多いでしょう。

たしかに安全対策を万全にするのは時間も手間もかかりますが、これらの措置を講じて、手続きをきちんと踏んで国土交通省に飛行申請をすれば承認を得られる可能性はあるのです。

実際には、図表2－4で示しているように運動会・体育祭で競技が実施されている場所からは、少し離れた上空にドローンを飛ばして「斜め上空」から撮影することになるでしょう。それでも、最近では高機能なズーム撮影が可能なドローンもあり、撮影後の編集なども手軽にできます。

ただし、DIDやイベントの上空の飛行にはレベルの高い操縦技量が求められます。その上で、安全に十分に配慮することを忘れないでください。

なお、運動会や体育祭でのドローン撮影の場合、児童・生徒、保護者の方々には事前に小・中学校や高校を通じて承諾を得ておく必要があると考えられます。

Check4

「無人航空機 飛行マニュアル」をしっかりと確認しておこう

国土交通省では、航空法にもとづいて許可・承認を受けてドローンを飛ばすときに守るべきルール、必要となる手順などを「無人航空機 飛行マニュアル」としてまとめ、公開しています。「マニュアル」という文言から、つい「単なる手順書」と思ってしまいがちですが、じつはこのマニュアルに示された手順を「遵守《じゅんしゅ》」することがきちんと求められています。

例えば、「無人航空機を飛行させる者の訓練及び遵守事項」では、「基本的な操縦技量の習得」の項目で、プロポの操作に慣れるために10時間以上の操縦練習を実施することが求められています。具体的には、離着陸の操作をスムーズに実施できるようになるためには「操縦者から3メートル離れた位置で、3メートルの高さまで離陸し、指定の範囲内に着陸すること。この飛行を5回連続して安定して行うことができること」など習得すべき技量が細かく示されています。

「無人航空機 飛行マニュアル」でしっかりと押さえておくべきところは、「安全を確保するために必要な体制」の項目です。そこには、「（1）場所の確保・周辺状況を十分に確認し、第三者の上空では飛行させない」、「（2）風速5メートル／秒以上の状態では飛行させない」、「（17）夜間の目視外飛行は行わない」といったことが示されています。

これらは、いずれもドローンを飛ばすときに十分に配慮し、遵守しなければならないことです。もし、第三者の上空を飛ばしたい、夜間の目視外飛行をしたいという場合には、国土交通省への飛行申請・承諾、一等無人航空機操縦士と第一種機体認証の取得などが必要になります。

マニュアルという名称ですが、単なる手順書ではなく遵守すべきルール・手順が示されています。このマニュアルを逸脱する行為は航空法違反となります。ぜひ、しっかりと内容を確認しておいてください。この「無人航空機 飛行マニュアル」については、第3章でも詳しく説明します。

ケース2
マイホームができた！ 自宅の庭ならドローン撮影、問題なし？

マイホームを購入することは、一生で一番大きな買い物と言われますね。憧れだった庭付き・戸建てのマイホームを持つことができたのだから、今度の休みの日には家族みんなで庭に集まり、ドローンを飛ばして記念空撮しておきたいと思う人もいるのではないでしょうか。

マイホームの撮影ならドローンを飛ばす場所は自分の家の庭（私有地）に限られるし、家屋（建物）も自分のモノです。近所の人には他の家や人の様子は撮影しないといったことをあらかじめ伝えておけば、ドローンを飛ばしての撮影に「なんら問題はないはず」と考えてしまいそうですが、実際にはどうなのでしょうか。

＜答え＞

自宅の庭でドローンを飛ばして自宅と家族（撮影の関係者として）を空撮する場合、立入管理措置など安全対策を万全にして国土交通省に飛行申請し、承認されればドローンでの撮影はできます。また、ドローンが自宅敷地から飛び出さないように家屋の周りに足場を組むなどして自宅をすっぽりとネットで覆い、上部や出入口も塞がれた状態にできるのであれば、ネットで囲まれた空間にドローンを飛ばして撮影することは国土交通省への飛行申請・承認を得ずとも可能です。

▼ポイント

おもに次の理由から「特定飛行」に該当すると考えられ、国土交通省への飛行申請と承認が必要です。

・「空域」が特定飛行に該当

自宅が、航空法が定める人または家屋が密集している「人口集中地区」（ＤＩＤ）にある可能性が高い。

・「飛行方法」が特定飛行に該当

（ＤＩＤ以外にあったとしても）自宅の敷地では、航空法が定める「人や物件から30メートル以上離して飛行させる」だけの十分なスペースを確保できないことが多い。

▼**解説**

一般的に住宅地は、航空法によりＤＩＤに指定されている可能性が高くなります。ＤＩＤでは、ドローンの飛行は制限され、たとえ自宅の敷地のように私有地であっても国土交通省への飛行申請と承認が必要となります。

そこで、まずはマイホームを建てた場所が、ＤＩＤのエリアにあるのかどうかを調べる必要があります。前項で説明した通り、国土地理院のＷｅｂサイトで確認できます。

また、ＤＩＤに該当していない場合でも、ドローンを飛ばすには航空法に定める「飛行方法に関する規制」をクリアしなければなりません。その「飛行方法に関する規制」では、国土交通省への飛行申請をせずに飛ばせる条件として、「人や物件から30メートル以上離して飛行させる」こととしています。

これは、ドローンが上空を飛んでいるときだけでなく、離着陸のときにも人や物件から30メートル以上、離れていなければならないということは前項で説明しました。そうなると、直径60メートルにもなる「何もないスペース」を確保できるマイホームでないと、国土交通省への飛行申請をしないでドローンを飛ばすことはできないと考えられます。一般的な住宅であれば、それほど広いスペースを確保できないことを考えると、特定飛行に該当し、国土交通省への飛行申請と承認が必要になります。

なお、ドローンで撮影するのが自宅や家族だけに限られる場合でも、近所にお住まいの方々からすれば、「住宅街にドローンが飛んでいる」と不安を覚えるかもしれません。近所の方々には、あらかじめドローンで自宅と家族を撮影することをお伝えしておくことをおすすめします。

Check5

ワイヤーなどでつなぎ止めれば、飛行申請・承認は不要

　自宅をドローンで撮影したいと考えるとき、十分な強度を有する30メートル以内のワイヤーやロープなどでドローンを係留して飛ばすようにして、さらに飛行可能な範囲内への第三者の立入管理等の措置を実施すれば、国土交通省への飛行申請・承認が不要になります。

（図表2-6）

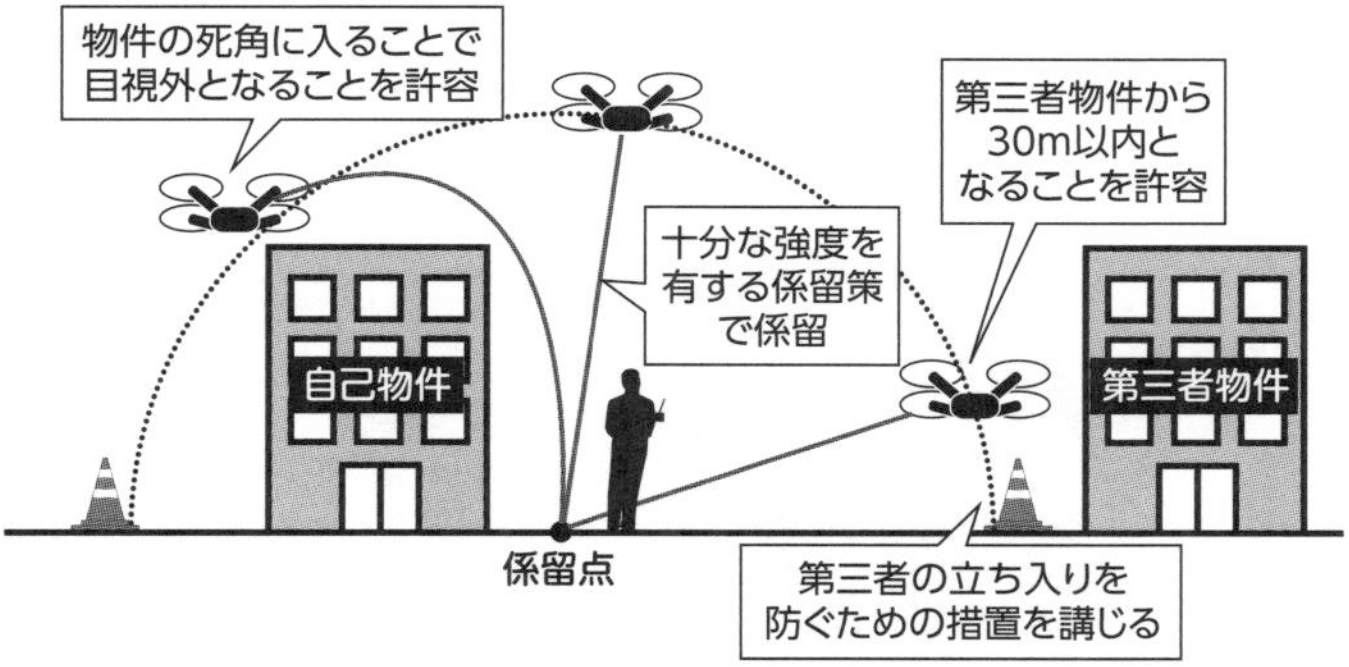
物件の死角に入ることで
目視外となることを許容
第三者物件から
30m以内と
なることを許容
十分な強度を
有する係留策
で係留
自己物件
第三者物件
係留点
第三者の立ち入りを
防ぐための措置を講じる

ワイヤーやロープで牽引し、第三者の立入管理等の措置を実施すれば一部の許可・承認が不要になる

国土交通省「無人航空機（ドローン、ラジコン機等）の安全な飛行のためのガイドライン」より作成

ケース3 ハイキングが趣味。綺麗な景色をドローンで撮りたい！

最近、トレッキングやハイキングを楽しむ人たちが増えています。見晴らしのいい展望スペースや思いがけず出会った美しい景色の場所で、よく見かけるのがスマートフォンで綺麗な景色を撮影している人たちです。

そんなとき、ここでドローンを飛ばして、目の前に広がる美しい景色を撮影できたら、と思ったことはありませんか。上空から、目の前に広がる自然の美しさや広大さを余すところなく撮影できるはずです。周囲を見渡すと、人も少ないし電線などのドローンを遮るものもありません。ここなら「ドローン撮影、ＯＫなはず」と思ってしまいそうですが、どうなのでしょうか。

＜答え＞

先に説明した特定飛行に該当するかどうかがポイントになります。ハイキングやトレッキングに適した中低山の展望スペースや絶景ポイントは高台にあることが多いでしょう。そうした場所でドローンを飛ばすと、展望スペースの地表からは十数メートルしか上昇していなくても、そのまま水平に飛ぶと切り立った崖で、地表から150メートル以上の高さになってしまうといったことがありえます。その場合、特定飛行に該当する可能性が高く、国土交通省への飛行申請と承認が必要になります。

▼ポイント

おもに次に示す視点で特定飛行に該当するかどうかを検討し、該当すると考えられる場合には国土交通省への飛行申請と承認を得るようにしましょう。

・「空域」が特定飛行に該当するかどうか

航空法のドローンの「飛行空域・場所に関する規制」では、地表または水面から150メートル以上の高さの空域での飛行を規制しています。展望スペースなどでドローンを飛ばすときには、知らず知らずのうちに150メートル以上の空域で飛ばしてしまう可能性もあります。※詳しくは、次の解説を参照

・「飛行方法」が特定飛行に該当するかどうか

展望スペースに休憩所などの施設があった場合、人や物件から「30メートル以上離して飛行させる」だけの十分なスペースを確保できないことがあります。その場合は特定飛行に該当し、国土交通省への飛行申請と承認が必要になります。

また、展望スペースや絶景ポイントなどを含むエリア一帯が私有地になっている可能性もあります。その場合には土地の所有者の許諾などが必要となるでしょう。さらに、条例やその他の規制などで制約がある場合もあります。

▼解説

ドローンの飛行にあたっては、航空法により航空機の航行の安全を脅かさないように「飛行していい高度」が決められています。地表または水面から150メートル未満の空域でのみドローンの飛行が許可されているのです。

トレッキングやハイキングによくある見晴らしのいい展望スペースなどでは、この高度に注意が必要です。「展望スペースの地表」からまっすぐ上方向に150メートルを超え

（図表2-7）

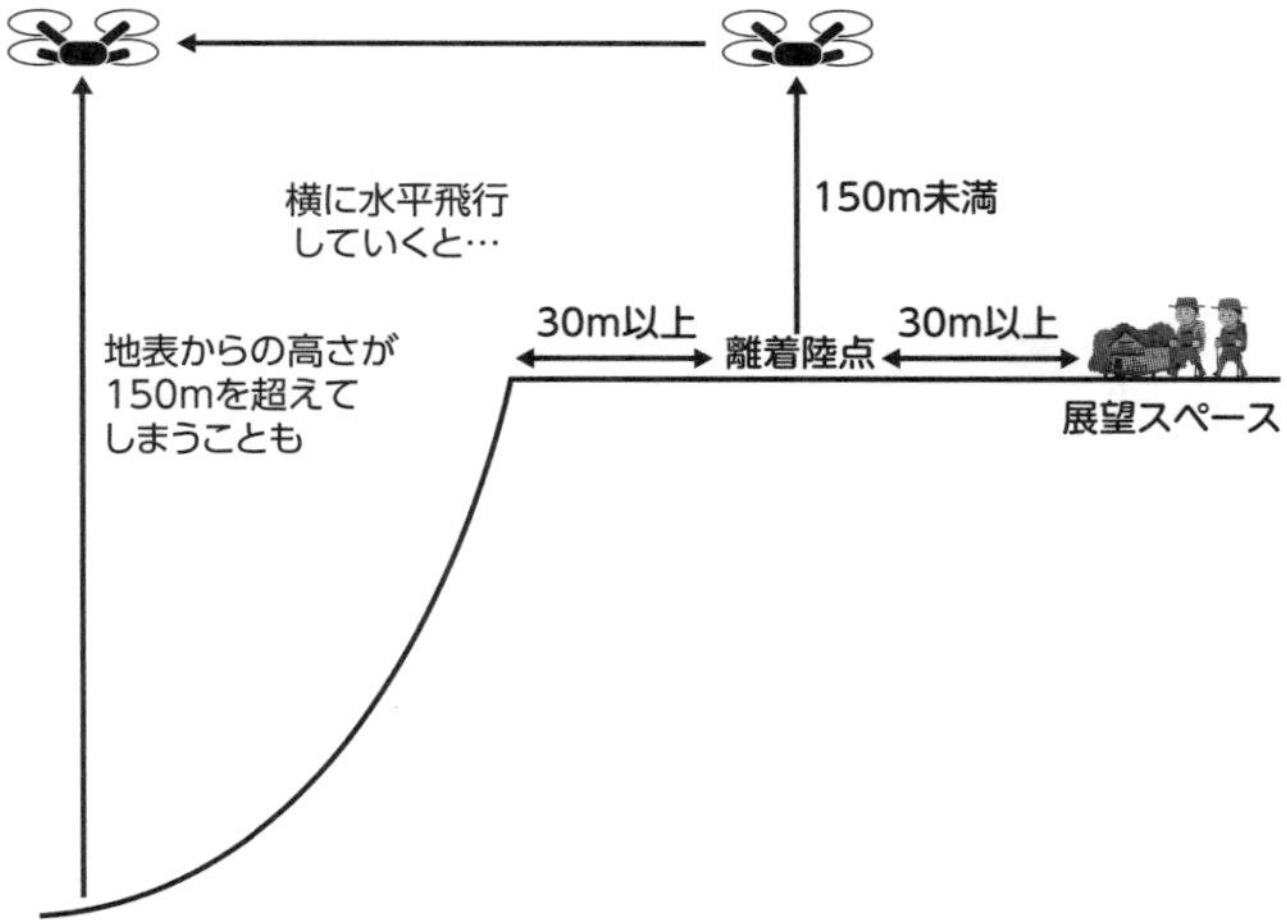
横に水平飛行
していくと…
150m未満
30m以上
離着陸点
30m以上
地表からの高さが
150mを超えて
しまうことも
展望スペース

展望スペース上空は150メートル未満だが、上空を移動すると傾斜によっては地表から150メートルを超えてしまうことがある

ない範囲であれば問題ないと思ってしまいますが、必ずしもそうではありません。

展望スペースからドローンを飛ばし、上空で水平方向に移動させた場合、地形によって傾斜が急だと地表から150メートルを超えてしまう可能性があるからです。とくに展望スペースなどは標高の高い場所にあることも多く、見晴らしのいい方向の先は急峻《きゅうしゅん》な傾斜になっていることもあります。

また、トレッキングコースやハイキングコースが山岳エリアである場合には、ドローンを飛行させせる高度に関係なく、飛ばす地域の管轄をしている各都道府県、または環境省、文化庁、林野庁などへの飛行申請も必要となります。

さらに、展望スペースや綺麗な景色が広がる場所は休憩場所にもなっていて、トイレや休憩所などの施設があったり、写真撮影などを楽しむハイカーなどがいたりするものです。その場合には、航空法が定める人や物件から「30メートル以上離して飛行させる」だけの十分なスペースを確保できないことが多いでしょう。

こうしたことから、トレッキングやハイキングでのドローン撮影にも、やはり飛行申請と承認の取得が必要と考えられます。

展望スペースでの飛行や空撮は避けたほうがいい理由

なお、仮に国土交通省への飛行申請と承認を得たとしても、トレッキングやハイキングでの展望スペースでドローンを飛ばすことは、私の経験上、おすすめはしません。

展望スペースには休憩場所などが併設されていることも多いように、トレッキングやハイキングを楽しむ人たちがホッと一息つく場所でもあります。また、静かに風の流れを感じたり、鳥のさえずりを耳にして疲れをいやしたりする場所でもあります。そうした場所で、ドローンのプロペラの音が聞こえると、それを快くは思わない人たちもいるかもしれないからです。

実際、私もこうした場所で仕事上、やむを得ずドローンを飛ばさなくてはならないときには、休憩している人たちの風上では決してドローンを飛ばさないように心がけています。プロペラ音が風に乗って、休んでいる人たちに届いてしまうことに配慮しているのです。

自然の美しい景色を撮影したいのであれば、トレッキングやハイキングのコースの途中に、周囲の人たちの迷惑にならないスポットがあるはずです。

そうした場所を探した上で、改めて特定飛行に該当するかどうかを検討し、必要に応じて国土交通省に飛行申請するという手順を踏んで、ドローン撮影を楽しんでください。

ただし、ぜひとも覚えておいていただきたいことが2つあります。

たとえトレッキングやハイキングのコースといえども、山間のエリアは風もあってドローン初心者には「飛ばすのが難しい場所」であることです。しかも、万が一、ドローンを落下させてしまった場合には、山を下り、谷を下りてもドローンを回収しなければならない責任があります。

それらのことから、トレッキングやハイキングのコース、展望スペースでドローンを飛ばして空撮することはおすすめしません。

もうひとつ、自然の中でドローンを飛ばしていると、偶然、高い樹木に巣を作っている野鳥やその他の野生動物がモニターに映り込むことがあります。そのようなとき、野鳥や野生動物にドローンを近づけるような行為は、絶対にやめてください。せっかくその場所、その地域での自然繁殖に成功した野鳥や野生動物が、ドローンが近づいてきたことで、他の場所に移ってしまうといったことなどが懸念されます。

例えば、自然公園法では、その目的として「我が国を代表する優れた自然の風景地を保護するとともに、その利用の増進を図ることにより、国民の保健、休養及び教化に資するとともに、生物の多様性の確保に寄与する」と定められています。自然の美しい場所でドローンを飛ばすことが、その場所の生物の多様性の確保を妨げるようなことがあった場合には、この法律に抵触してしまうことも考えられるのです。

自然保護、動物保護の視点からも興味本位でドローンを野生動物に近づけるといったことはやめましょう。

もしハイキングコース周辺に私有地があったら……

また、展望スペースや景色の綺麗な場所を含む、そのエリア一帯が私有地である可能性もあります。私有地の上空にドローンを飛ばすときには、民法などに基づいて判断すると、土地所有者の許可が必要になると考えられます。

民法207条「土地所有権の範囲」という条項では、土地の所有権は「その土地の上下に及ぶ」と定められています。

もし、展望スペースや景色の綺麗な場所を含む、ハイキングコースの周辺一帯に誰かの私有地があった場合、その上空にも所有権がおよぶことになります。

じつは、上空の何メートルまで権利がおよぶのかといったことは明記されていません。

一方、航空法では、最低高度が300メートルとされているので、一般的には「300メートル上空までは所有権がおよぶ」とされています。

ハイキングコースの周辺や山林だけでなく、市街地にある空き地、神社の境内や寺院の敷地、駅舎、線路などでも、それが個人・法人を問わず私有地であることはよくあります。

こうした場所が、飛行経路に含まれているのであれば、あらかじめ土地の所有者に承諾を得るようにしましょう。

Check6

国土交通省への飛行申請・承認が不要になるケースとは

地表や水面から150メートル以上の高さまでドローンを飛ばすときには、特定飛行に該当するために国土交通省への飛行申請・承認が必要になると説明しました。ところが、図表2－8で示しているように、建物や橋梁などの点検などで、その建物に沿うようにしてドローンを飛ばすときには、150メートル以上の高さであっても「構造物から30メートル以内の範囲」は、飛行禁止区域からは除外されます。

（図表2-8）

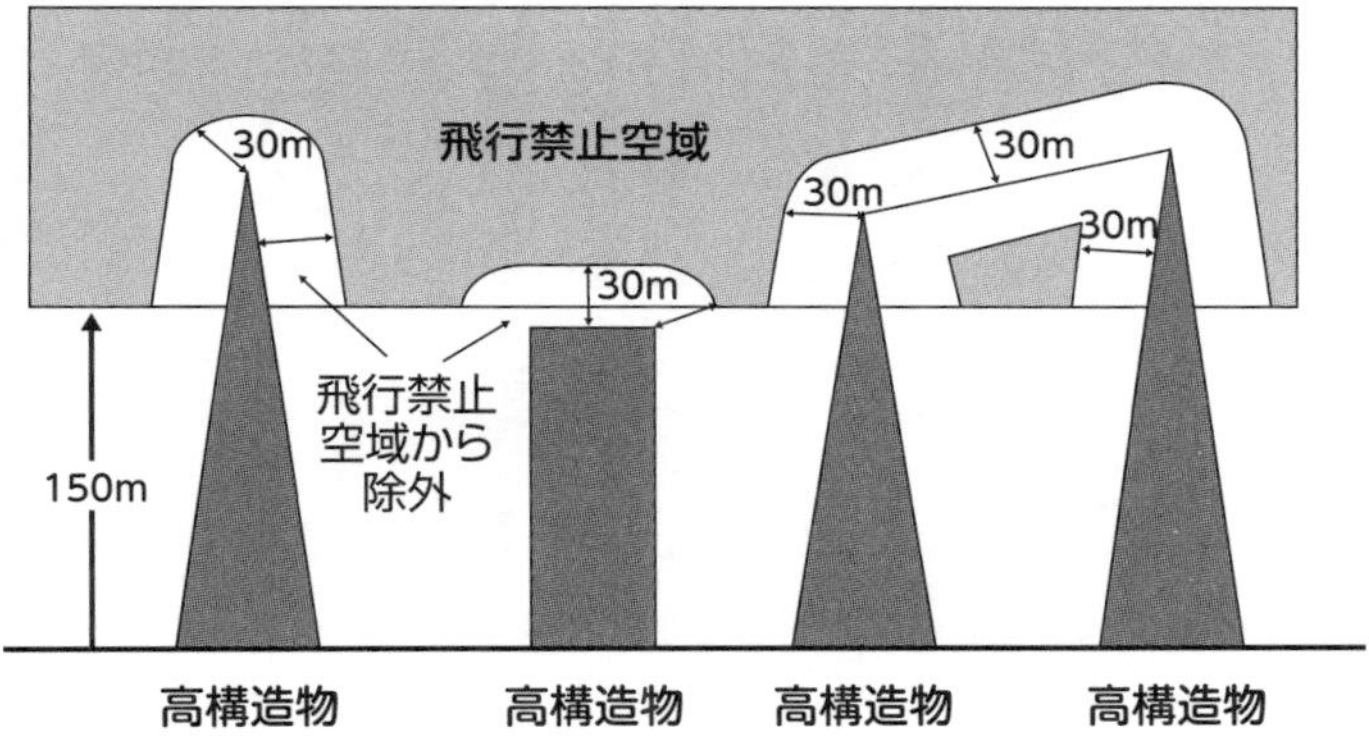

地表または水面から 150 メートル以上の空域であっても、建物や構造物から 30 メートル以内の空域については、飛行禁止空域から除外される

国土交通省「無人航空機（ドローン、ラジコン機等）の安全な飛行のためのガイドライン」より作成

ケース4
桜が美しい公園、ドローンを飛ばしても「誰にも迷惑かけてません！」

最近では都市圏でも自治体による公園の整備が進み、春には桜、初夏から夏にかけてはつつじやアジサイ、秋にはコスモスなど四季折々の草花を楽しめる広い公園が近所にあるという人も多いのではないでしょうか。

そうした公園は休日には家族連れでにぎわうものの、平日の午前中なら人もまばら、誰にも迷惑をかけずに「ドローンを飛ばして花が咲き誇る美しい光景を撮影できる」と思う人もいるかもしれません。

こうした公園の中には、人や物件から「30メートル以上離して飛行させる」だけの十分なスペースを確保できそうなところもあります。ということは、飛行申請なしで撮影してもいいのでしょうか。

＜答え＞

たとえ「人や物件から30メートル以上離して飛行させる」ことができたとしても、公園が市街地にある場合、その地域一帯がＤＩＤに指定されているかもしれません。その場合は、立入管理措置など安全対策を万全にして国土交通省に飛行申請し、承認されればドローンを飛ばせます。

ただし、公園でのドローンの飛行や撮影には公園を管理している自治体などへの飛行申請が必要となる可能性が高くなります。もしこれらの申請をせずにドローンを飛ばして撮影すると、法律や条例違反になってしまうことも考えられます。

▼ポイント

おもに次に示す視点で特定飛行に該当するかどうかを検討し、該当すると考えられる場合には国土交通省への飛行申請と承認を得るようにしましょう。

・「空域」が特定飛行に該当するかどうか

公園が市街地にある場合、その地域一帯がＤＩＤに指定されている可能性が高い。

・「飛行方法」が特定飛行に該当するかどうか

公園を散歩している人たちやベンチ、遊具、休憩所などの施設など、人や物件から「30メートル以上離して飛行させる」だけの十分なスペースを確保できない場合には特定飛行に該当します。

さらに、花の名所は開花時期に合わせてお祭りを開催していることがあります。その場合には「催し場所（イベント）上空」での飛行となり、特定飛行に該当します。

また、公園を管理している自治体によっては、条例などで公園でのドローンの飛行を規制していることがあります。その場合には、自治体や公園の管理者に問い合わせ、ドローンを飛ばす許可を得る必要があると考えられます。

▼解説

「広い公園なら人もいないし住宅からも離れているのでドローンを飛ばしてもいいかな？」と考えている人が多いと思います。公園でのドローンの飛行が特定飛行に該当するかどうかを確認しましょう。

まずは、その公園のある地域がＤＩＤに指定されているかどうかです。ＤＩＤに指定されている地域であれば、その公園でドローンを飛ばすことは特定飛行に該当するので国土交通省への申請と承認が必要になります。

さらに、公園を散歩している人たちやベンチ、遊具、休憩所といった施設など「人や物件から30メートル以上離して飛行させる」ことができるかどうか。できない場合には飛行方法が特定飛行に該当し、国土交通省への申請と承認が必要です。

国土交通省から承認を得たとしても、各自治体の条例を確認しよう

また、各自治体が定める条例で公園でのドローンの飛行を禁止していることもあります。

例えば東京都は、２０１５年の首相官邸の屋上へのドローン落下事件をきっかけに２０１５年４月28日より東京都立の公園・庭園ではドローンを含めた小型無人機の使用を一切、禁止してしまいました。

これは非常に厳しい規制で、許可申請すらも受け付けてくれないというものです。

しかも、この規則では、「100グラム未満のドローン」でも飛行を禁止しています。

100グラム未満の小型ドローンであれば、じつは、国土交通省への飛行申請をしなくても飛ばして撮影を楽しむことができるケースがあるのですが、東京都の条例はこのような小さなドローンでも禁止にしています。よほどドローンを「凶悪な道具」と認定したのかもしれません。首相官邸にドローンを落下させたというたった一人の愚行が、後々まで真面目なドローンパイロットの楽しみを制約する結果となっているのです。

こうしたことからも、ドローンによる撮影を楽しみたいという人は、しっかりとルールを熟知して、それらを守った上でドローンを飛ばしてほしいと願います。

なお、その他の公園では自治体によってルールがさまざまです。公園でドローンを飛ばそうというときには、国土交通省への飛行申請と承認に加えて、必ず事前に公園管理者に問い合わせをしてください。

ケース5
広々とした砂浜や河川敷、「空は誰のモノでもない」はず！

さわやかな海風が抜ける砂浜や広々とした河川敷は、電線や高い建物もなくドローンを飛ばすのに適した場所のように思えます。カイトを飛ばしている人をよく見かけるのも、人や建物から十分に離れた距離を確保できるからだと考えられます。

砂浜や河川敷でドローンを飛ばして、波打ち際や川の流れを「鳥の目線」で撮影してみたいと思う人もいるでしょう。

実際のところ、砂浜や河川敷でドローンを飛ばしての撮影はできるのでしょうか。

＜答え＞

砂浜も河川敷も、人がまばらな時間帯であれば「人や物件から30メートル以上離して飛行させる」のに十分なスペースを確保できる可能性があります。また、ＤＩＤに指定されている可能性も低いので、国土交通省への飛行申請をせずに、ドローンを飛ばしての撮影ができる可能性はあります。

ただし、その場所が私有地でないかどうかの確認、また、その場所を管理している自治体や地域の組合などへの確認などをすることをおすすめします。

▼ポイント

おもに次に示す視点から特定飛行に該当するかどうかを検討し、該当しない場合には国土交通省への飛行申請をせずにドローンを飛ばすことができます。

・「空域」が特定飛行に該当するかどうか

砂浜や河川敷は人里から離れていて、ＤＩＤに指定されていないことが多い。

・「飛行方法」が特定飛行に該当するかどうか

砂浜や河川敷では、人や物件から「30メートル以上離して飛行させる」のに十分なスペースを確保できる可能性がある。

「目視内」で飛行させることができるかどうかも確認しましょう。「目視外」での飛行は特定飛行に該当します。

▼解説

砂浜や河川敷でドローンを飛ばすときにも、それが特定飛行に該当するかどうかがポイントになります。先に説明した通り、まずは「空域」が特定飛行に該当するかどうかを確認します。

【空域】特定飛行に該当する空域

・空港等の周辺
・人口集中地区（ＤＩＤ）の上空
・地表から150メートル以上の上空
・緊急用務空域

砂浜や河川敷が、空港などの周辺、ＤＩＤの上空でも緊急用務空域でもなく、地表から150メートル未満の高度で飛行するのであれば、特定飛行には該当しません。

次に「飛行方法」を確認します。

【飛行方法】特定飛行に該当する飛行方法

・夜間での飛行
・目視外での飛行
・人または物件と十分な距離（30メートル以上）を確保できない飛行
・催し場所（イベント等）上空での飛行
・危険物の輸送
・物件の落下

夜間の飛行でなく、目視できる範囲でドローンを飛ばす、人や物件から「30メートル以上離して飛行させる」のに十分なスペースを確保できる、催し場所の上空での飛行ではなく、危険物の輸送も物件の落下もしないのであれば、特定飛行に該当しません。飛行申請をせずにドローンを飛ばせる可能性があります。

ただし、砂浜や河川敷でもドローンの飛行経路の中で私有地などの上空を飛行する場合は土地所有者の許可が必要となります。必ず許可を取得してください。

ドローンを飛行申請なしで飛ばせるケースを知っておこう

ここまで、いくつかのケースごとに、国土交通省への飛行申請をせずにドローンを飛ばして空撮を楽しめるのかどうかを説明してきました。それぞれのケースでの「解説」の項目でも触れていますが、ドローンを飛ばすときにポイントとなるのは、まず「特定飛行に該当するかどうか」、次に「立入管理措置を講じるかどうか」です。

そして、特定飛行に該当するかどうかは、空域と飛行方法の2つの視点で考えます。空域と飛行方法で考えて、規制をクリアできれば、基本的には国土交通省への飛行申請をしなくてもドローンを飛ばすことができます。まとめると次のようになります。

【申請しなくても飛行できる場所】

国土交通省への飛行申請をしなくてもドローンを飛ばせるのは、次に示す条件をすべてクリアしたときです。

【空域】

1. 空港の周辺以外の場所
2. 上空150メートル未満の空域
3. 人口密集地区以外（DID以外）のエリア

【飛行方法】

1. 日の出から日没までの日中での飛行
2. ドローンを目で見える範囲内での飛行（目視内飛行）
※モニターを見ての飛行はNG
3. 人や物件から30メートル以上離しての飛行
4. 催し場所（お祭りやイベント会場）上空でないこと
5. 危険物の輸送はしないこと
6. 物件投下はしないこと

さらに、次の2つの項目に該当する場合は、航空法の適用除外であり、国土交通省への申請がなくてもドローンを飛ばせます。

・屋内での飛行

広い体育館やアリーナなど屋内での飛行は航空法の適用除外となります。例えば東京23区内はＤＩＤのため国土交通省への飛行申請が必須ですが、屋内で飛ばすのであれば国土交通省への飛行申請は必要ありません。

飛行練習や機体の調整で飛ばしたい場合は屋内で実施するといいでしょう。しかし、屋内での飛行はＧＰＳが使用できないため、機種によっては不安定になる場合があります。飛行には十分気をつけなければなりません。

・100グラム未満のドローン

１００グラム未満の小型軽量のドローン（トイ・ドローン）であれば航空法の適用除外なので比較的自由に飛ばすことができます。とはいっても人が多い場所や公共エリアなどで飛ばすのは常識はずれであり、やめたほうがいいでしょう。また、国土交通省の飛行申請が必要なくても、地権者や管轄行政機関等の許可が別途必要になる場合も多くなります。

なお、100グラム未満の小型軽量のドローンでもカメラが搭載されていて、ハイビジョンの動画を撮影できるモデルが一般的です。中には高機能のカメラを搭載したモデルもあり、高画質な動画を撮影することも可能です。

ちなみに、100グラム以上のドローンには義務付けられている国土交通省への機体登録も必要ありません。

ただし、トイ・ドローンは、航空法の対象外とはなっていても「重要施設の周辺地域の上空における小型無人機等の飛行の禁止に関する法律（小型無人機等飛行禁止法）」の対象となります。この法律では、国会議事堂や原子力発電所など重要施設の上空、およびその周囲のおおむね300メートル周辺地域の上空におけるトイ・ドローンなどの飛行が禁止されています。この法律に従う必要があります。

また、トイ・ドローンとはいえ、操縦ミスによって人と接触してしまうとケガを負わせてしまったり、建物や駐車してある車などにぶつけてしまい、破損したり傷をつけたりすることも考えられます。飛ばすときには、周囲の状況に十分に注意を払うようにしてくだ

（図表2-9）

対象施設

国政の中枢機能等の維持

①国の重要な施設等

- ・国会議事堂等［衆議院議長・参議院議長指定］
- ・内閣総理大臣官邸等［内閣総理大臣指定］
- ・危機管理行政機関［対象危機管理行政機関の長指定］
- ・最高裁判所庁舎［最高裁判所長官指定］
- ・皇居・御所［内閣総理大臣指定］
- ・政党事務所［総務大臣指定］

良好な国際関係の維持

②外国公館等［外務大臣指定］

我が国を防衛するための基盤の維持

③防衛関係施設

- ・自衛隊施設［防衛大臣指定］
- ・在日米軍施設［防衛大臣指定］

国民生活及び経済活動の基盤の維持

④空港［国土交通大臣指定］

公共の安全の確保

⑤原子力事業所［国家公安委員会指定］

小型無人機等飛行禁止法による国の重要施設

警察庁ホームページより作成

さい。

さらに、自治体、公園などの管理者、土地の管理者などが、100グラム以上か未満かといった機体重量にかかわらず、全面的にドローンの飛行を禁止、または制限している場合もあります。飛行申請は不要であっても、飛ばすときにはその場所を管理している自治体、管理者がどのような制限をしているのかを確認するようにしましょう。

Check7

捜索・救助のための特例

災害や山岳事故等の救助活動にドローンを用いる場合は航空法第１３２条の規制（空港等の周辺の上空の空域、地表または水面から１５０メートル以上の高さの空域、人口集中地区の上空）、および、同第１３２条の２の規制（夜間飛行、目視外飛行、30メートル未満の飛行、イベント上空飛行、危険物輸送、物件投下）は適用されません（航空法１３２条の３）。

ここまで第２章ではドローンを飛ばして空撮を楽しむ前に、ドローンを飛ばしていい場所といけない場所について説明してきました。さまざまなケースを想定して説明しましたが、ドローンを飛ばしての空撮には国土交通省への飛行申請と承認が必要となるケースが多くあります。そこで、第３章では具体的な申請の方法について説明します。

第3章

ドローンを安全に飛ばすために

自宅にいながらできる飛行申請の方法

ハードルが高そうな飛行申請。それでもトライしてみる価値はある

前章を読んでくださった人の多くは、「ドローンで空撮を楽しみたかったけど、自由に飛ばせる場所は意外に少なく、難しそうな飛行申請をしなくてはいけないのか」「ドローンを飛ばすには航空法や自治体の条例など関連する法規制を理解しないとならず、かなりハードルが高そうだ」と、がっくりしてしまったかもしれません。

たしかに、ドローンを飛ばしたり、空撮を楽しんだりするには、法規制の理解や国土交通省への飛行申請など乗り越えなくてはならない、いくつかのハードルがあるのは事実です。だからといって、飛行申請をせずに、また、法規制を守らずにドローンを飛ばしたり、空撮した映像をSNSにアップしたりすると航空法違反や条例違反で処罰の対象となる可能性もあります。

国土交通省への飛行申請をきちんとして、承認を得られれば胸を張って空撮を楽しむことができますし、ドローンでの空撮にはこうしたハードルを乗り越えてでもトライしてみ

るだけの価値があります。

想像してみてください。ドローンを飛ばすことで、今まではヘリコプターやセスナなどをチャーターしないと難しかった上空からの風景を個人でも手軽に撮影できるのです。法規制を理解し、国土交通省への飛行申請をきちんとして承認されれば、これまで個人では難しかった映画のワンシーンのような空撮を体験できるようになるのです。ぜひ飛行申請をきちんとして、堂々とドローンを飛ばしていただきたいと思います。

飛行申請を「できる人」の条件とは

さて、いざ飛行申請をしようというとき、じつは注意すべきことがあります。それは、誰もがすぐに飛行申請をできるわけではないということです。

飛行申請をするためにはクリアしなければいけない条件があり、ドローンを買った日にいきなり国土交通省へ飛行申請を提出できるわけではありません。まずは、申請条件を確認しておきましょう。

▼申請条件

・10時間以上の飛行経験

飛行申請をするにあたってクリアする必要がある条件のひとつは、「10時間以上の飛行経験」があることです。飛行申請をしてドローンを飛ばすということは、人や建物に接近して飛行する可能性があるということです。きちんとした操縦技術を持ちあわせていなければ大きな事故につながるリスクがあります。

そのため最低10時間の飛行経験があることが条件となっています。

・基本的なドローン操作の技術があること

その上で、もうひとつ。10時間以上の飛行経験があるというだけではなく、国土交通省航空局標準マニュアルである「無人航空機 飛行マニュアル」に記載されている「基本的な操作技量の習得」で示されている操作の内容を実行できることが条件となります。

（図表3-1）

無人航空機

飛行マニュアル

（DID・夜間・目視外・30m・危険物・物件投下）

場所を特定しない申請について適用

運航者名：

国土交通省航空局標準マニュアル②（令和４年６月 20 日版）

2．無人航空機を飛行させる者の訓練及び遵守事項

2－1　基本的な操縦技量の習得

プロポの操作に慣れるため、以下の内容の操作が容易にできるようになるまで10時間以上の操縦練習を実施する。なお、操縦練習の際には、十分な経験を有する者の監督の下に行うものとする。訓練場所は許可等が不要な場所又は訓練のために許可等を受けた場所で行う。

項　目	内　容
離着陸	操縦者から３m離れた位置で、３mの高さまで離陸し、指定の範囲内に着陸すること。 この飛行を５回連続して安定して行うことができること。
ホバリング	飛行させる者の目線の高さにおいて、一定時間の間、ホバリングにより指定された範囲内（半径１mの範囲内）にとどまることができること。
左右方向の移動	指定された離陸地点から、左右方向に２０m離れた着陸地点に移動し、着陸することができること。 この飛行を５回連続して安定して行うことができること。
前後方向の移動	指定された離陸地点から、前後方向に２０m離れた着陸地点に移動し、着陸することができること。 この飛行を５回連続して安定して行うことができること。
水平面内での飛行	一定の高さを維持したまま、指定された地点を順番に移動することができること。 この飛行を５回連続して安定して行うことができること。

2－2　業務を実施するために必要な操縦技量の習得

基礎的な操縦技量を習得した上で、以下の内容の操作が可能となるよう操縦練習を実施する。訓練場所は許可等が不要な場所又は訓練のために許可等を受けた場所で行う。

項　目	内　容
対面飛行	対面飛行により、左右方向の移動、前後方向の移動、水平面内での飛行を円滑に実施できるようにすること。
飛行の組合	操縦者から１０m離れた地点で、水平飛行と上昇・下降を組み合わせて飛行を５回連続して安定して行うことができること。
８の字飛行	８の字飛行を５回連続して安定して行うことができること。

2－3　操縦技量の維持

2－1，2－2で定めた操縦技量を維持するため、定期的に操縦練習を行う。訓練場所は許可等が不要な場所又は訓練のために許可等を受けた場所で行う。

-2-

国土交通省の「無人航空機 飛行マニュアル」で示されている基本的な操縦技量

国土交通省「無人航空機 飛行マニュアル」より

Check8

国土交通省の「無人航空機 飛行マニュアル」を要チェック

国土交通省の「無人航空機 飛行マニュアル」については、単なるマニュアルではなく、遵守すべき規則や手順が示されていることは第2章でも説明しました。ここではもう少し具体的にどのようなことが記載されているのか紹介します。

基本的な操作技量の習得については、

・基本的な操縦技量の習得

プロポの操作に慣れるため、以下（本書では図表3－2）の内容の操作が容易にできるようになるまで10時間以上の操縦練習を実施する。なお、操縦練習の際には、十分な経験を有する者の監督の下に行うものとする。訓練場所は許可等が不要な場所または訓練のために許可等を受けた場所で行う。

（図表3-2）

項目	内容
離着陸	操縦者から３ｍ離れた位置で、３ｍの高さまで離陸し、指定の範囲内に着陸すること。この飛行を５回連続して安定して行うことができること。
ホバリング	飛行させる者の目線の高さにおいて、一定時間の間、ホバリングにより指定された範囲内（半径１ｍの範囲内）にとどまることができること。
左右方向の移動	指定された離陸地点から、左右方向に 20 ｍ離れた着陸地点に移動し、着陸することができること。この飛行を５回連続して安定して行うことができること。
前後方向の移動	指定された離陸地点から、前後方向に 20 ｍ離れた着陸地点に移動し、着陸することができること。この飛行を５回連続して安定して行うことができること。
水平面内での飛行	一定の高さを維持したまま、指定された地点を順番に移動することができること。この飛行を５回連続して安定して行うことができること。

と示されています。

また、「無人航空機 飛行マニュアル」では、ドローンの点検・整備の方法や点検・整備記録の作成の方法についても細かく示されています。繰り返しになりますが、ドローンを飛ばすときの「基本中のキホン」ともいえるルールが示されているのでしっかりと熟読して、守るようにしてください。

ドローンを正しく安全に飛ばすための「飛行申請」の方法

それでは、ここからは飛行申請のおおまかな方法について説明していきます。国土交通省への飛行申請は、ハードルが高そうに見えますが、オンラインで自宅にいながらにしてできます。

さらに、飛行申請には費用が発生しません（ドローンの機体の登録や操縦者の登録には、登録手数料がかかります）。

お金がかからずに自宅からオンラインで飛行申請をして認められれば、申請せずにドローンを飛ばして航空法や自治体の条例などに抵触するといった、さまざまなリスクを回避できます。

そして、万が一、ドローンを飛ばしているときに、「ここで飛ばしていいのですか？」といった指摘を第三者からされた場合でも、堂々と「飛行申請をして許可を得ています」と伝えることができるのです。

そう考えると、きちんと飛行申請をすることのメリットは大きいでしょう。やらない手はありません。

ここでは、航空法に基づくドローンの登録申請、飛行許可・承認申請、飛行計画の通報・確認などの各種手続きをオンラインで行える国土交通省の「ドローン情報基盤システム２・０（以下ＤＩＰＳ２・０）」を使って飛行申請をする方法を説明していきます。

まずはアカウントを開設して、ドローンと所有者、操縦者を登録

飛行申請をするには、ドローンの機体と所有者を登録する必要があります。このドローンの機体と所有者の登録は、機体重量が１００グラム以上のドローンを所有するときに義務付けられています。ドローンの機体と所有者の登録を先に済ませておかないと飛行申請もドローンを飛ばすこともできません。

また、ドローンの機体と所有者の登録については、申請してから登録されるまでに一定期間かかります。さらに飛行申請をしても審査に一定の期間を要するため、国土交通省で

は「飛行開始予定日の少なくとも10開庁日以上前（土日・祝日を除く）には申請書類を提出してください」としています。

もし、申請内容に不備があった場合には追加確認にさらに時間がかかります。飛行予定日までに許可・承認が得られないことも想定されるため、飛行開始予定日から3～4週間程度の余裕を持って飛行申請をするようにしましょう。

さて、ドローンの機体と所有者を登録するために最初にしなくてはならないのは、アカウントの開設です。次に示す手順で、アカウントを開設してください。

▼アカウントの開設

DIPS2・0のトップ画面から「ログイン・アカウント作成」を選び、アカウントを開設します。個人で登録するのか企業団体かを選びアカウントの開設をしてください。趣味でドローンを使った空撮を考えている人は個人を選択しましょう。

飛行ルールや利用規約などを確認したら、氏名や住所、電話番号、メールアドレスなどを記入してアカウントを開設します。

（図表3-3）

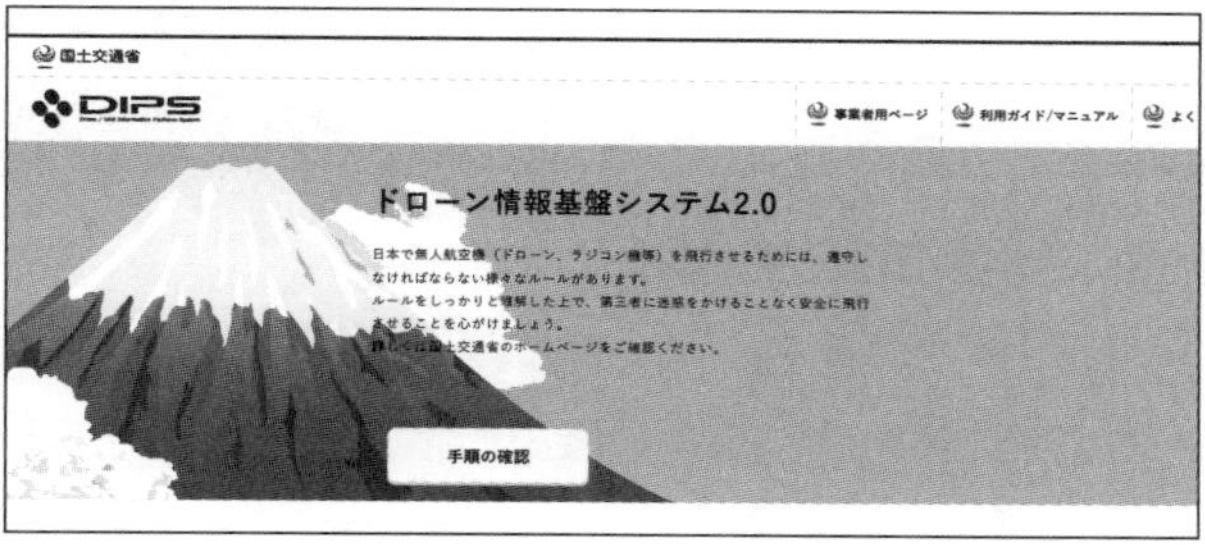
国土交通省
DIPS
事業者用ページ
利用ガイド/マニュアル
よく
ドローン情報基盤システム2.0
日本で無人航空機（ドローン、ラジコン機等）を飛行させるためには、遵守しなければならない様々なルールがあります。
ルールをしっかりと理解した上で、第三者に迷惑をかけることなく安全に飛行させることを心がけましょう。
詳しくは国土交通省のホームページをご確認ください。
手順の確認

DIPS2・0のトップ画面。ログイン・アカウント作成をクリックしてアカウントを開設

（図表3-4）

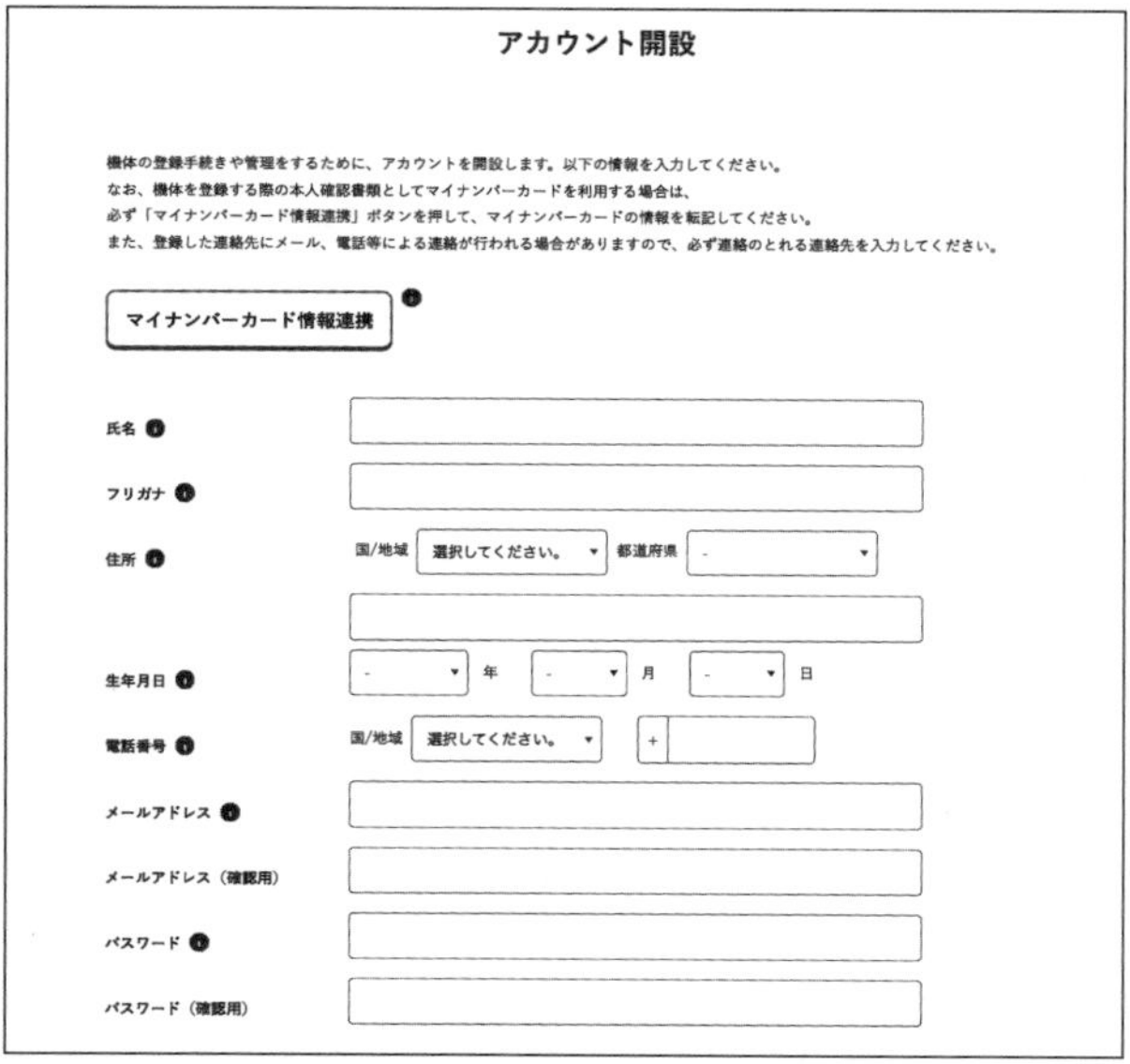
アカウント開設
機体の登録手続きや管理をするために、アカウントを開設します。以下の情報を入力してください。
なお、機体を登録する際の本人確認書類としてマイナンバーカードを利用する場合は、
必ず「マイナンバーカード情報連携」ボタンを押して、マイナンバーカードの情報を転記してください。
また、登録した連絡先にメール、電話等による連絡が行われる場合がありますので、必ず連絡のとれる連絡先を入力してください。
マイナンバーカード情報連携
氏名
フリガナ
住所
国/地域
選択してください。
都道府県
生年月日
年
月
日
電話番号
国/地域
選択してください。
+
メールアドレス
メールアドレス（確認用）
パスワード
パスワード（確認用）

必要事項を記入してアカウントを開設

（図表3-5）

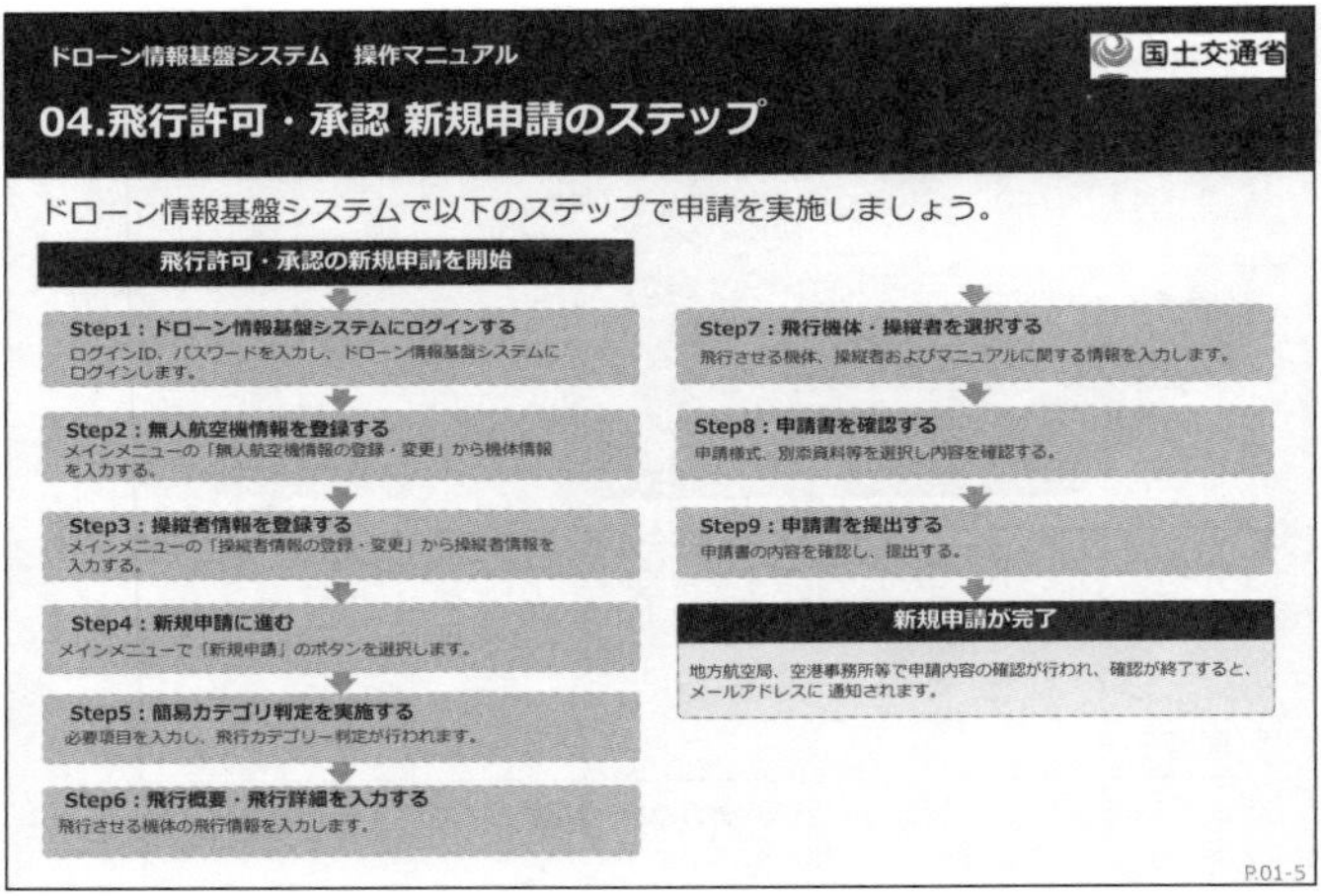
ドローン情報基盤システム　操作マニュアル
国土交通省
04.飛行許可・承認 新規申請のステップ
ドローン情報基盤システムで以下のステップで申請を実施しましょう。
飛行許可・承認の新規申請を開始
Step1：ドローン情報基盤システムにログインする
ログインID、パスワードを入力し、ドローン情報基盤システムにログインします。
Step2：無人航空機情報を登録する
メインメニューの「無人航空機情報の登録・変更」から機体情報を入力する。
Step3：操縦者情報を登録する
メインメニューの「操縦者情報の登録・変更」から操縦者情報を入力する。
Step4：新規申請に進む
メインメニューで「新規申請」のボタンを選択します。
Step5：簡易カテゴリ判定を実施する
必要項目を入力し、飛行カテゴリー判定が行われます。
Step6：飛行概要・飛行詳細を入力する
飛行させる機体の飛行情報を入力します。
Step7：飛行機体・操縦者を選択する
飛行させる機体、操縦者およびマニュアルに関する情報を入力します。
Step8：申請書を確認する
申請様式、別添資料等を選択し内容を確認する。
Step9：申請書を提出する
申請書の内容を確認し、提出する。
新規申請が完了
地方航空局、空港事務所等で申請内容の確認が行われ、確認が終了すると、メールアドレスに通知されます。
P.01-5

ログインから申請完了までの9ステップ

アカウントの開設が終了したら、登録したメールアドレスにログインＩＤがメールで送付されてきます。そのログインＩＤを使ってログインから、申請書類の提出までは、上に示す図表のように全部で9ステップです。

まずはドローンの機体情報を登録

ドローンの機体情報は次に示す手順で登録します。

▼無人航空機の登録手続き

自分が所有するドローンの登録申請は、ログイン後のページの「手順の確認」をクリックして行います。次ページ図表3－6のように「特定飛行を行う場合の手続き」と「無人航空機の登録手続き」の説明が表示されます。

ここで「無人航空機の登録申請へ」をクリックします。

（図表3-6）

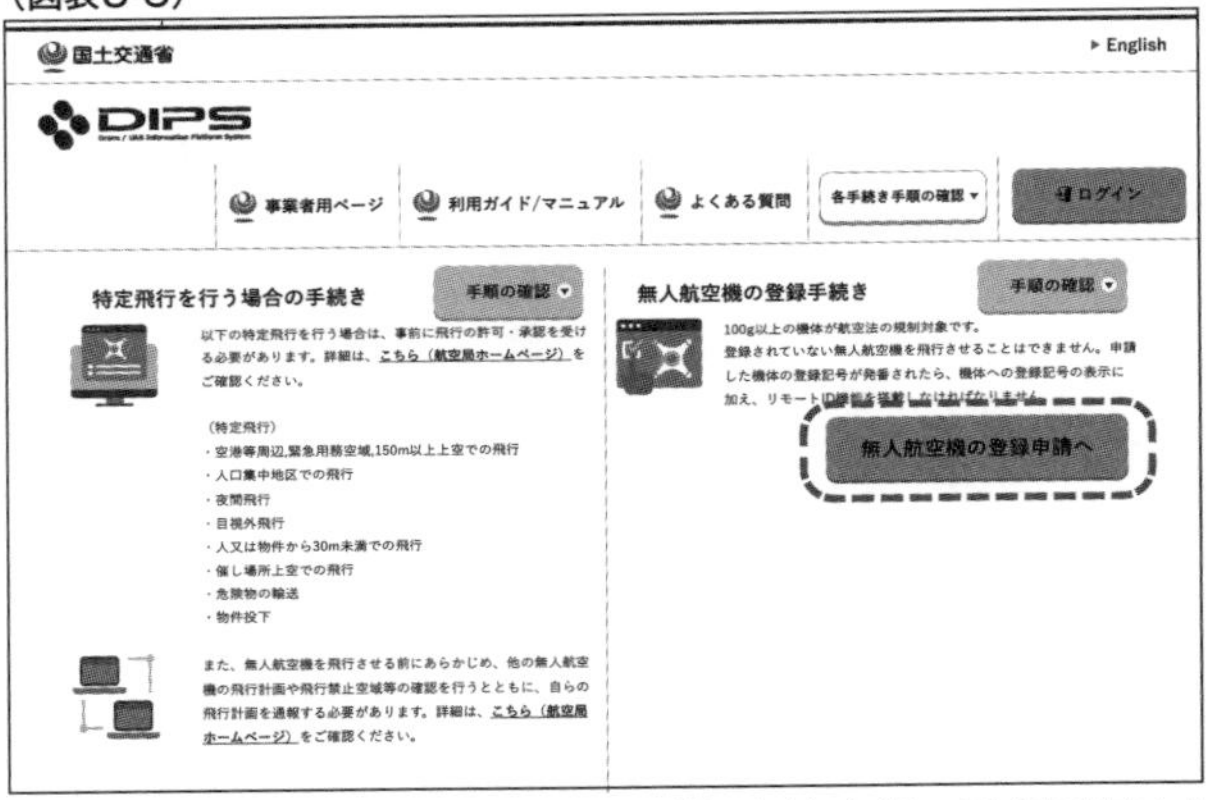

「特定飛行を行う場合の手続き」と「無人航空機の登録手続き」のページ

（図表3-7）

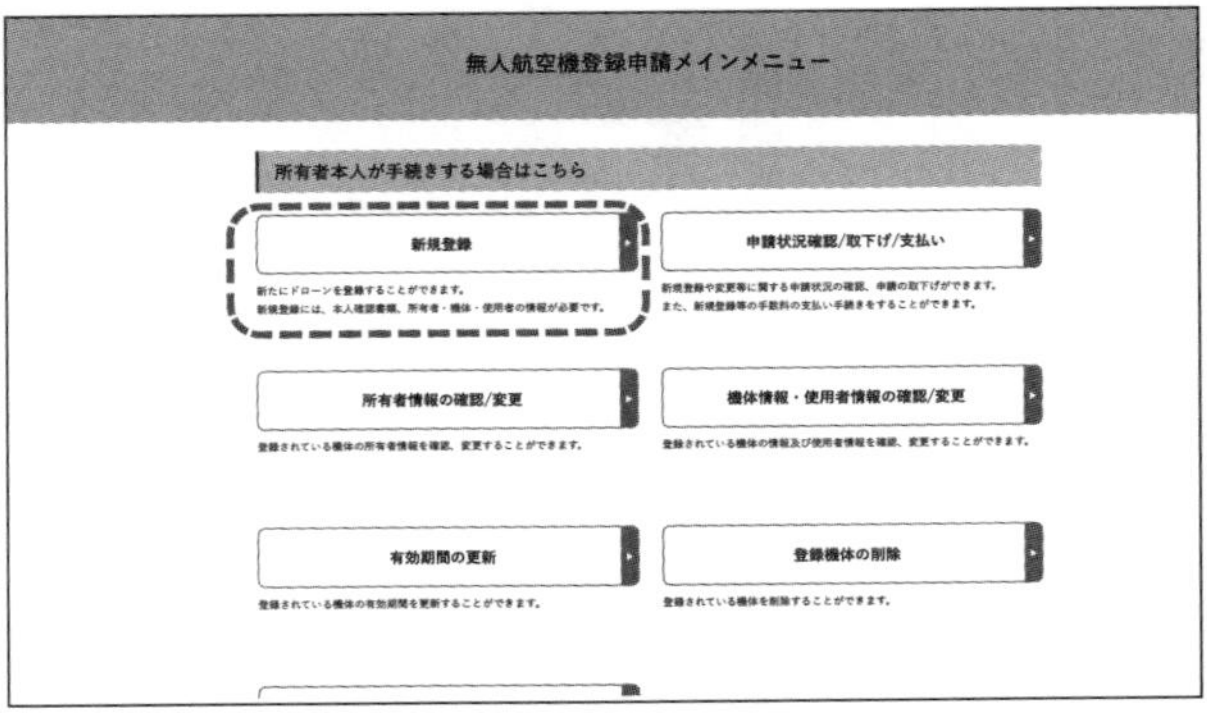

「無人航空機登録申請メインメニュー」のページで、「新規登録」を選択します。ドローン所有者について、マイナンバーや運転免許証、パスポートなどでの本人確認が行われます

▼ドローンの機体情報の登録

本人確認を終了したら、次に自分が所有している機体情報を入力します。

（図表3-8）

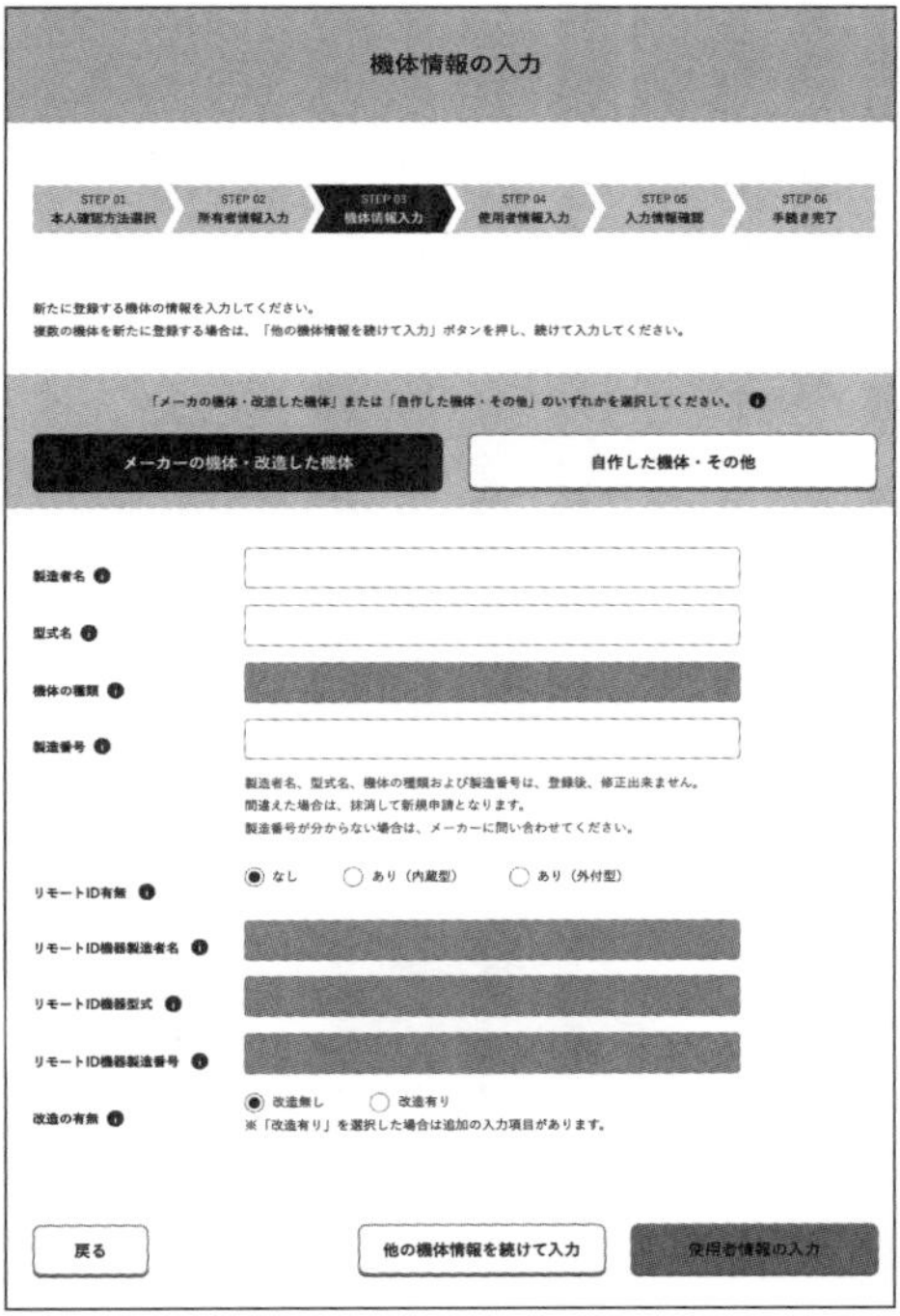

製造者名（メーカー名）や型式名は、マウスのカーソルを合わせるとプルダウンメニューで表示されるので、そこから選択して入力します

▼ドローンを操縦する人＝ドローンパイロットの登録

次に操縦者情報の登録をします。これはドローンの所有者ではなく、実際に操縦するパイロットの情報です。「操縦者情報の登録」を選択して入力してください。

ここまでで、ドローンの所有者および操縦者（使用者）の氏名や住所などの情報、機体の製造者や型式などの情報を入力／記入して申請を済ませてください。

ドローン・所有者・パイロットの登録申請後の流れ

ドローンの機体情報や所有者、実際にドローンを操縦するパイロットの情報を入力し、登録申請を終了した後の手続きについて説明します。

（図表3-9）

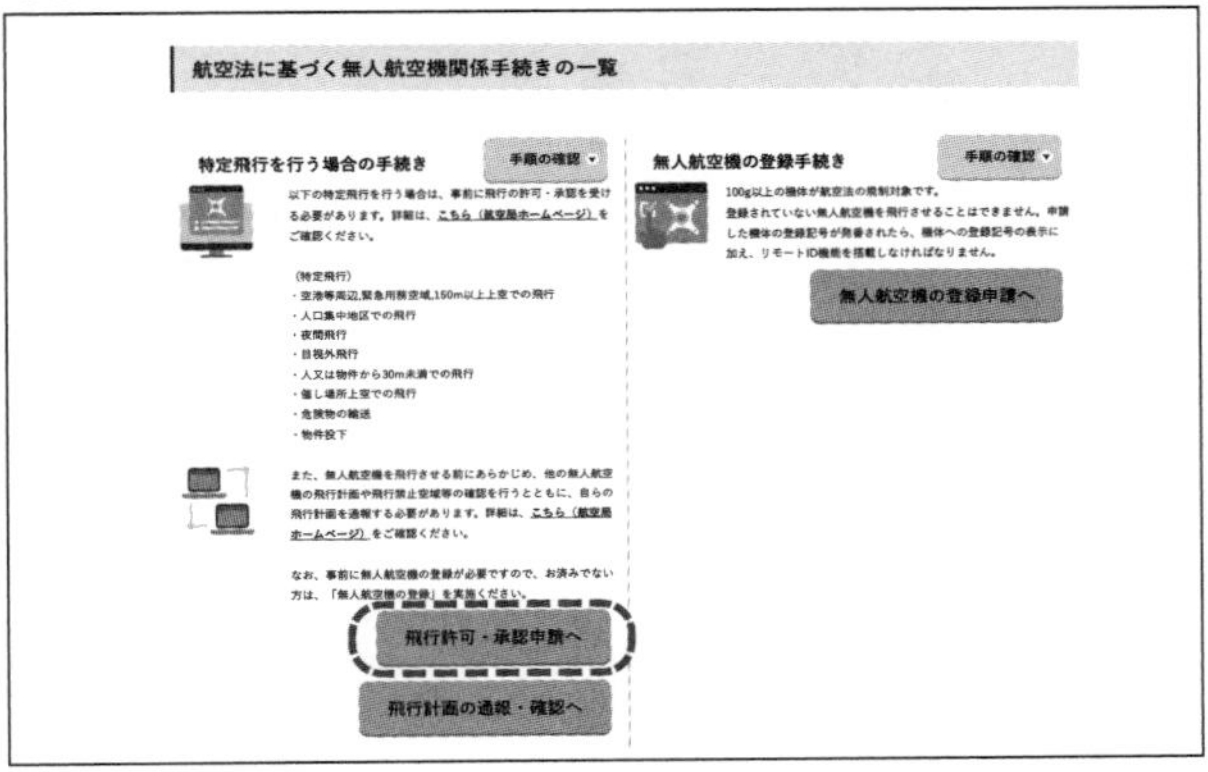

「特定飛行を行う場合の手続き」が示されているページ

（図表3-10）

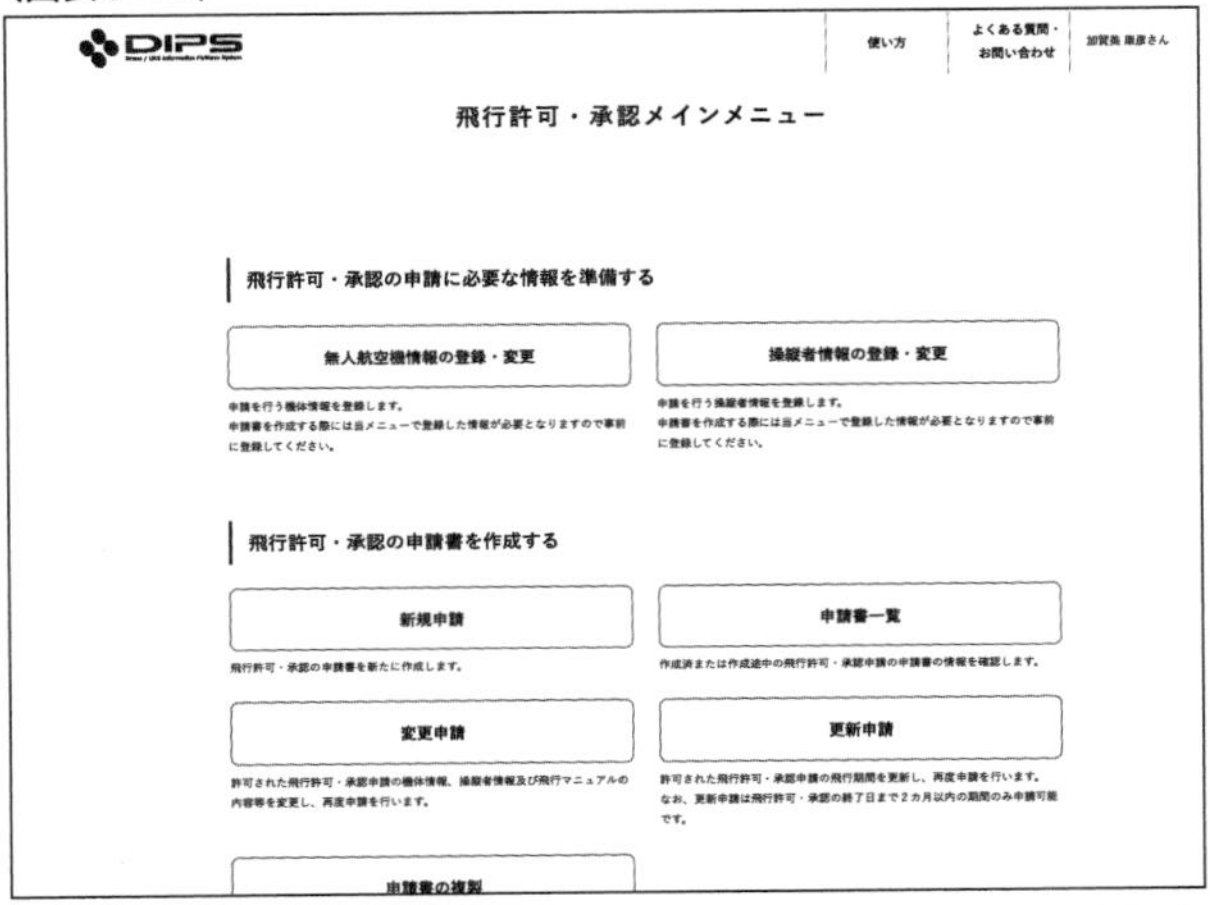

事前にドローンと操縦者の登録が済んでいない場合は、「無人航空機情報の登録・変更」「操縦者情報の登録・変更」をクリックし、登録をしてください

・入金

申請後には納付番号などが発行されます。納付番号などが発行されたら、申請にかかる手数料を納付してください。クレジットカード、インターネットバンキング、ATMのいずれかの方法で納付できます。また、申請方法によって手数料（900円〜2400円程度）・納付方法が異なりますので、注意してください。

・登録記号発行

手続きの後、申請したドローンの登録記号が発行されます。登録記号を機体に記載するなどの方法で鮮明にわかるように表示してください。

「リモートID」とはクルマのナンバープレートのようなもの

2022年6月から出荷・販売されるドローン（機体重量100グラム以上）には、リモートIDと呼ばれる固有のIDの付与が義務付けられています。

このリモートＩＤとは、自動車でいうところのナンバープレートのようなものです。ドローンを飛行させる前に、「ＤＩＰＳ ＡＰＰ－ドローンポータルアプリ」（航空局が公開）もしくはドローンの製造者が指定するスマートフォンアプリを用いて、ドローンに取り付けられている「リモートＩＤ機器」などにリモートＩＤの情報を書き込んでください。

リモートＩＤの書き込みが終了したら、次に飛行申請をします。

特定飛行の許可・承認申請の流れ

特定飛行をする際の許可・承認を申請する手順を説明します。前項で「無人航空機の登録申請」を選んだページ（「航空法に基づく無人航空機関係手続きの一覧」のページ。図表３－９）から、「特定飛行を行う場合の手続き」の項目を確認します。「飛行許可・承認申請へ」をクリックします。

特定飛行をする際の許可・承認を申請する際にも、まずは前提として事前にドローンと操縦者が登録されていることが条件です。未登録の場合は、先に登録を済ませてください。

(図表3-11)

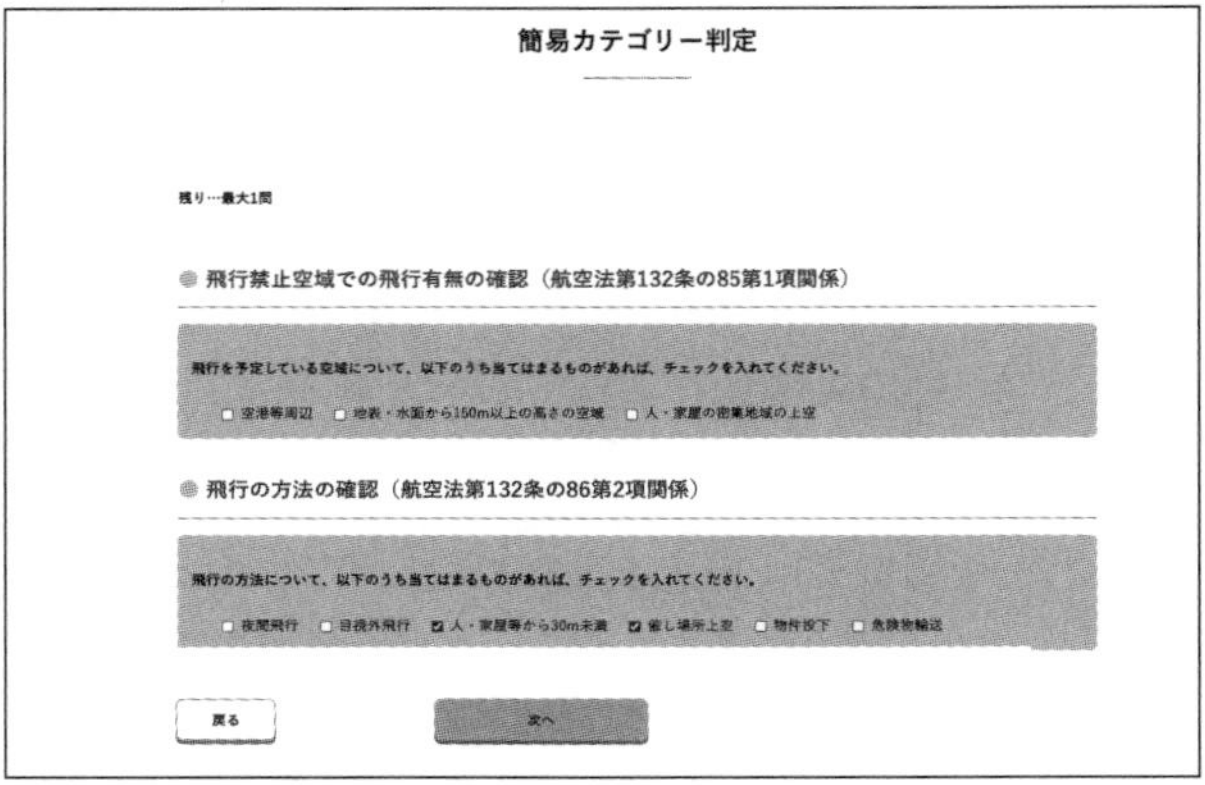

飛行禁止区域での飛行有無の確認、飛行方法の確認

(図表3-12)

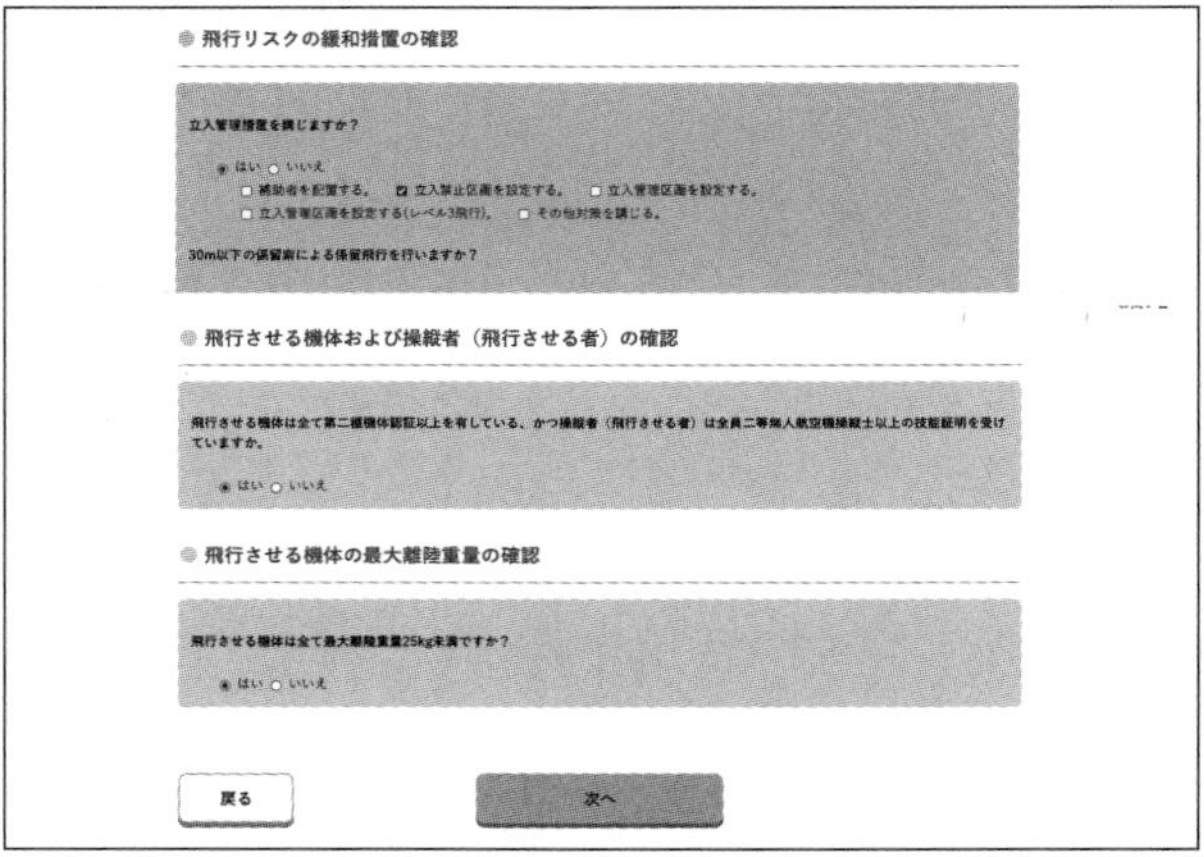

飛行リスクの緩和措置や飛行させる機体および操縦者（飛行させる者）の確認、飛行させる機体の最大離陸重量の確認のための措置などを入力

（図表3-13）

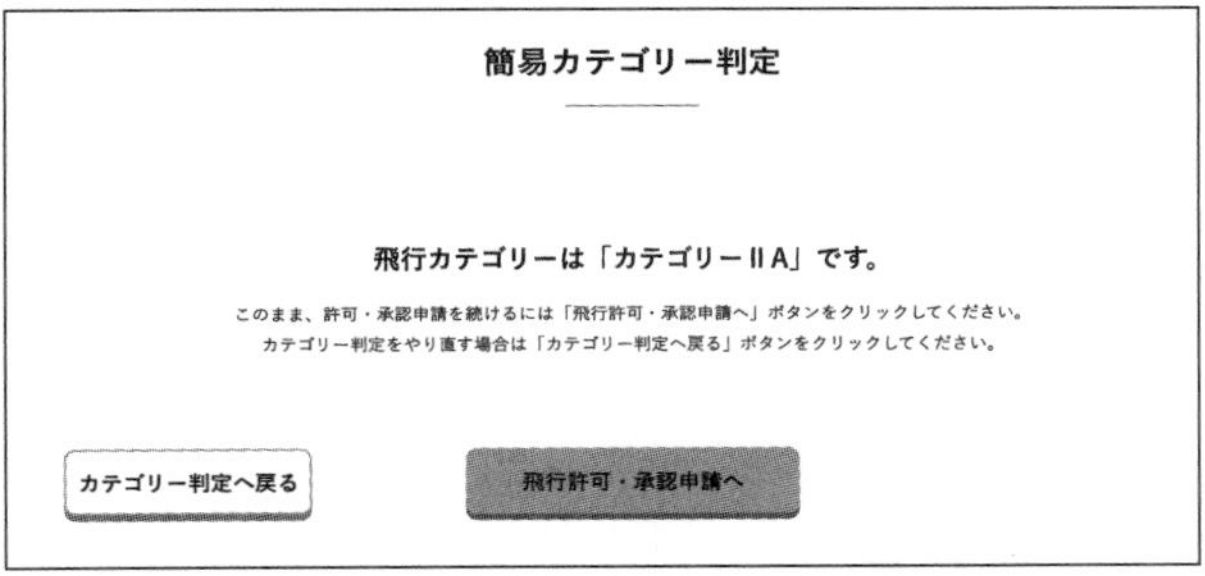
簡易カテゴリー判定
飛行カテゴリーは「カテゴリーⅡA」です。
このまま、許可・承認申請を続けるには「飛行許可・承認申請へ」ボタンをクリックしてください。
カテゴリー判定をやり直す場合は「カテゴリー判定へ戻る」ボタンをクリックしてください。
カテゴリー判定へ戻る
飛行許可・承認申請へ

判定されたカテゴリーに応じて申請手続きを行う

次に「飛行許可・承認の申請書を作成する」（図表3－10）の新規申請をクリックすると、「簡易カテゴリー判定」のページ（図表3－11）が開きます。

ここで、例えばＤＩＤの上空などでの飛行を予定しているのかどうか、体育祭など催し場所の上空での撮影を想定しているのかなどの質問に答えていきます。

カテゴリーについての詳細な説明は、第4章132ページを参照してください。

飛行させる機体情報、操縦者情報に加え、飛行禁止区域での飛行有無や飛行方法（夜間飛行／目視外飛行／人・家屋等から30メートル未満／催し場所上空／物件投下／危険物輸送）、実際にドローンを飛ばすときに立入管理措置をどのように講じるか（補助者を設置する／立入禁止区画を設定する／立入管理区画を設定する／立入管理区画を設定する（レベル3飛行）

（図表3-14）

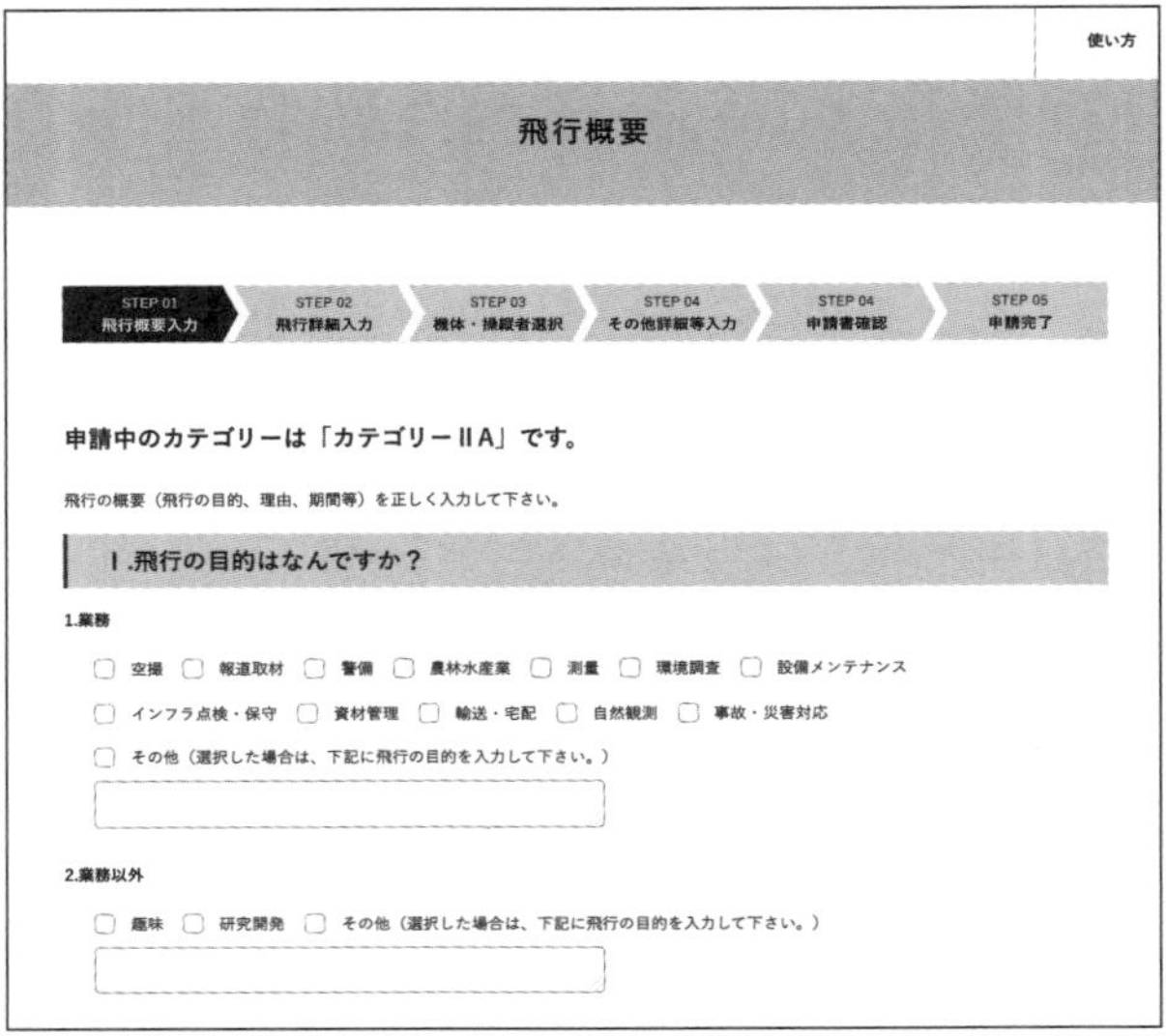
使い方
飛行概要
STEP 01 飛行概要入力
STEP 02 飛行詳細入力
STEP 03 機体・操縦者選択
STEP 04 その他詳細等入力
STEP 04 申請書確認
STEP 05 申請完了
申請中のカテゴリーは「カテゴリーⅡA」です。
飛行の概要（飛行の目的、理由、期間等）を正しく入力して下さい。
Ⅰ.飛行の目的はなんですか？
1.業務
空撮 報道取材 警備 農林水産業 測量 環境調査 設備メンテナンス
インフラ点検・保守 資材管理 輸送・宅配 自然観測 事故・災害対応
その他（選択した場合は、下記に飛行の目的を入力して下さい。）
2.業務以外
趣味 研究開発 その他（選択した場合は、下記に飛行の目的を入力して下さい。）

／その他の対策を講じる）にチェックを入れます。そして、飛行させる機体および操縦者（飛行させる者）の確認、飛行させる機体の最大離陸重量の確認に「はい・いいえ」で回答するなどして申請します。

これらの確認事項を入力すると飛行カテゴリーが簡易的に判定されて表示されます。先述の通り、飛行カテゴリーについては第4章で説明します。

簡易カテゴリー判定で飛行カテゴリーが示されたら、「飛行許可・承認申請へ」をクリックします。飛行概要のページが開きますので、順番に項目を入力していきます。

実際に申請する際には、国土交通省の「ドローン情報基盤システム 操作マニュアル」を参照してください。

参考：https://www.mlit.go.jp/common/001520747.pdf

新規申請が完了すると、地方航空局や空港事務所などで申請内容の確認が行われ、確認が終了すると、登録した申請者のメールアドレスに確認結果が通知されます。

ここで最後にもうひとつ、重要なことを書いておきます。飛行申請をして承認されればよいのですが、当然ですが承認されないケースもあります。その場合、内容によっては国土交通省から「どうすれば承認を得られる可能性が高まるのか」のアドバイスを受け取ることができます。なので、一度、飛行申請をして承認されなかったからといってあきらめる必要はありません。再度、飛行申請をすれば承認されるかもしれません。そのことも念頭に入れて、ドローンでの空撮にトライしてみてはいかがでしょうか。

さて、ここまで第3章では、ドローンを飛ばして空撮をする前に必須となる「ドローンの所有者」、「ドローンの機体情報」、「ドローンの操縦者」の登録、そして、「特定飛行」の場合の許可申請の方法について説明しました。

第4章では、2022年12月からスタートした国土交通省によるドローンの新制度と、それにともなって新設された国家資格の概要について説明します。

第4章

ドローンの国家資格制度がスタート

プロのドローンパイロットを目指すための最短ルート

国家資格制度がスタート。まずは現行制度のポイントを押さえておく

この章では、第2章や第3章でも触れた2022年12月5日からスタートしたドローンの新制度と国家資格について解説します。

その説明に入る前に、新制度をきちんと理解していただくために、これまで説明してきたことのポイントをおさらいしておきましょう。

まず、ドローンを所有し飛ばすにあたって忘れてはならないのが「所有者と機体の登録」です。機体重量が100グラム以上のドローンを所有し、飛ばすときには、国土交通省に機体と所有者の登録が必要です。この登録をしておかないと、ドローンを飛ばすことができないので覚えておいてください。

次に航空法の定める「特定飛行」をする場合には、国土交通省への飛行申請が必要であることも説明しました。特定飛行とは、市街地などの人口集中地区（DID）の上空やイベントや体育祭などの催し場所の上空の飛行、人または物件と十分な距離（30メートル以

上）を確保できない飛行などで、詳細は第2章の59ページで説明しています。

第3章までをお読みいただくとおわかりのように、じつはドローンを飛ばして空撮などを楽しみたいという場合には、「特定飛行」に該当することが多いのです。つまり、飛行申請と承認が必要になるということです。

【第3章までのポイント】

●機体重量100グラム以上のドローンを飛ばすには、国土交通省に機体と所有者の登録が必要

●航空法に定める「特定飛行」に該当する場合には、国土交通省への飛行申請と承認が必要

●機体・所有者の登録も飛行申請もDIPS2・0を使ってオンラインで行う

立入管理措置をせずに第三者の上空を飛ぶケースでは国家資格が必要に

さて、第3章ではDIPS2・0を使ってオンラインで飛行申請をすると、「簡易カテゴリー判定」がなされることを説明しています（125ページ）。

国土交通省によるドローンの新制度では、このドローンの飛行における「カテゴリー」が重要な意味を持ちます。

カテゴリーとは、ドローンを飛ばすときの「リスクに応じた飛行の区分」のことです。リスクが大きい（高い）順に図表4－1で示すように「カテゴリーⅢ」から「カテゴリーⅠ」に分かれています。

新制度では、リスクが最も大きい区分であるカテゴリーⅢが新設され、条件をクリアすれば、立入管理措置をせずに第三者の上空で特定飛行をすることが認められるようになりました。そして、そのときに必要となるのが、国家資格制度「無人航空機操縦者技能証明」の「一等無人航空機操縦士」と「第一種機体認証」なのです。※一等無人航空機操縦士の

（図表4-1）

カテゴリーⅢ	特定飛行のうち、無人航空機の飛行経路下において立入管理措置を講じないで行う飛行（＝第三者の上空で特定飛行を行う）
カテゴリーⅡ	特定飛行のうち、無人航空機の飛行経路下において立入管理措置を講じたうえで行う飛行（＝第三者の上空を飛行しない）
カテゴリーⅠ	特定飛行に該当しない飛行。 航空法上の飛行許可・承認手続きは不要

ドローンの飛行に関するカテゴリーの概要

国土交通省ホームページをもとに作成

詳細は後述

「カテゴリーⅢ」と「カテゴリーⅡ」の違いを理解しておこう

カテゴリーⅢの飛行には国家資格である「一等無人航空機操縦士」と「第一種機体認証」が必要となるのに対し、カテゴリーⅡの飛行には国家資格は必須ではありません。

カテゴリーⅢとカテゴリーⅡの違いは、ドローンの飛行経路の下に「立入管理措置」を講じるかどうかによります。つまり、ドローンが飛んでいる下に操縦者、補助者以外の第三者が入ってこないように「措置をするか、しないか」ということ。具体的には、ロープや工事現場で使われるカラーコーンなどで操縦者と補助者以外の第三者が入ってきてはいけないエリアを明確に示すなどの措置を講じるかどうかということ。立入管理措置については第2章の63ページでも説明しています。

この立入管理措置によってドローンの飛行経路の下に第三者が入ってこないようにすれば、万が一、ドローンが落下しても被害は比較的小さくて済みますが、反対にこの措置を講じなければ落下したドローンで人がケガをしてしまうなど、被害が大きくなる可能性が考えられます。

そうした理由から、立入管理措置を講じない場合はリスクがより高いカテゴリーⅢに該当し、第三者が入ってこないように措置を講じる場合にはカテゴリーⅡに該当するというように区分けされているのです。言葉で説明するだけではわかりにくいかもしれませんので図表で示します。

図表4－2を見るとおわかりいただけるように、ようするにカテゴリーⅢとは「人の上空をドローンが飛ぶ」ということです。新制度では、このカテゴリーⅢでのドローンの飛行が認められるようになり、住宅街など「有人地帯」の上空でもドローンを飛ばすことができるようになったのです。じつは、「有人地帯の上空」のドローンの飛行は、これまで

（図表4-2）

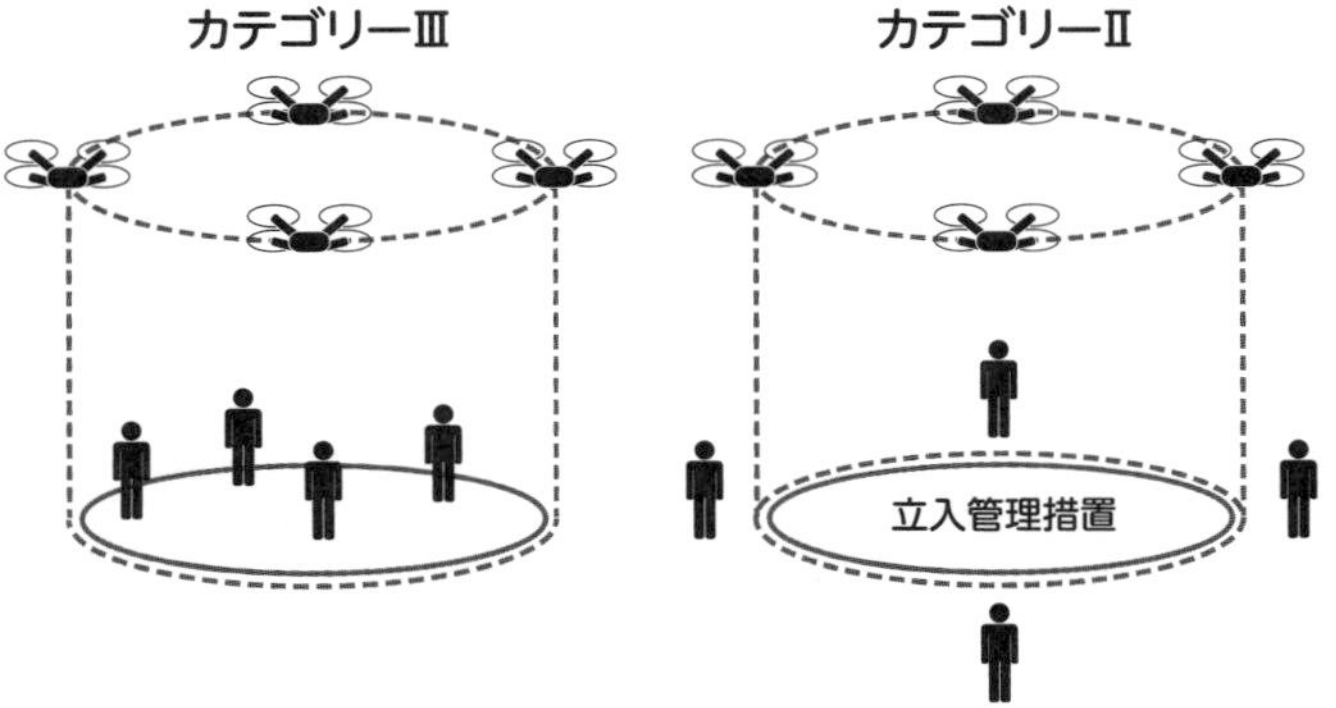

カテゴリーⅢとカテゴリーⅡの違いは、飛行経路の下に「立入管理措置」をするかしないかによる

は国土交通省に飛行申請をしても承認されなかったものです。

特定飛行でも飛行申請の一部が不要・簡略化されるケースとは

さて、「一等無人航空機操縦士」と「第一種機体認証」を取得するとカテゴリーⅢの飛行が可能になることは説明しましたが、国家資格にはもうひとつ「二等無人航空機操縦士」があります。※二等無人航空機操縦士の詳細は後述

この二等無人航空機操縦士を取得すると、どのようなメリットがあるのでしょうか。

ドローンを飛ばすときのリスクの大きさに

（図表4-3）

区分	空域と飛行方法等	申請と承認
カテゴリーⅡA	・空港等周辺 ・150 m以上の上空 ・催し場所の上空 ・危険物輸送 ・物件投下 ・離陸時最大離陸重量25Kg 以上	無人航空機操縦士の技能証明や機体認証の有無を問わず、許可・承認が必要
カテゴリーⅡB	・DID 上空 ・夜間飛行 ・目視外飛行 ・人または物件から 30 mの距離を取らない飛行 ・離陸時最大離陸重量25Kg 未満	無人航空機操縦士の技能証明を受けた者が機体認証を受けた無人航空機を飛行させる場合、飛行マニュアルの作成等無人航空機の飛行の安全を確保するために必要な措置を講じることにより、許可・承認が不要

※カテゴリーⅡA、カテゴリーⅡBともに立入管理措置を講じることが必要です

よってカテゴリーⅠ～カテゴリーⅢまでの区分があることを説明しましたが、じつは、カテゴリーⅡにはカテゴリーⅡAとカテゴリーⅡBの２つの区分があります。それら２つの違いについても説明します。上の図表のようになります。

つまり、国家資格となった無人航空機操縦士（一等・二等）の技能証明を受けた人が、機体認証（一等・二等）を受けたドローンを飛ばすのであれば、ドローンの飛行の安全性を確保した上で、ＤＩＤ（人口集中地区）の上空、人または物件から30メートルの距離を確保できないといった一部の特定飛行

について、国土交通省への飛行申請と承認が不要、もしくは簡略化されるのです。これが、二等無人航空機操縦士を取得するメリットのひとつといえるでしょう。

「レベル4」解禁で、有人地帯での補助者なし目視外飛行が可能に！

さらに、新制度では有人地帯上空での飛行だけではなく、有人地帯（住宅街など）での「補助者なし目視外飛行」までが可能となりました。いわゆる「レベル4」の解禁です。

レベル4でのドローンの飛行が認められるようになったことで、例えば、スタジアムでのスポーツ中継や、市街地など有人地帯への宅配、医薬品・食料・緊急物資などの配送、インフラ設備の保守・点検などにドローンを活用できるようになります。

これまでよりもさらに幅広くドローンを活用できるようになり、それによって新規にドローンを活用したビジネスが生まれるなど、新たな未来も開けてきます。

（図表4-4）

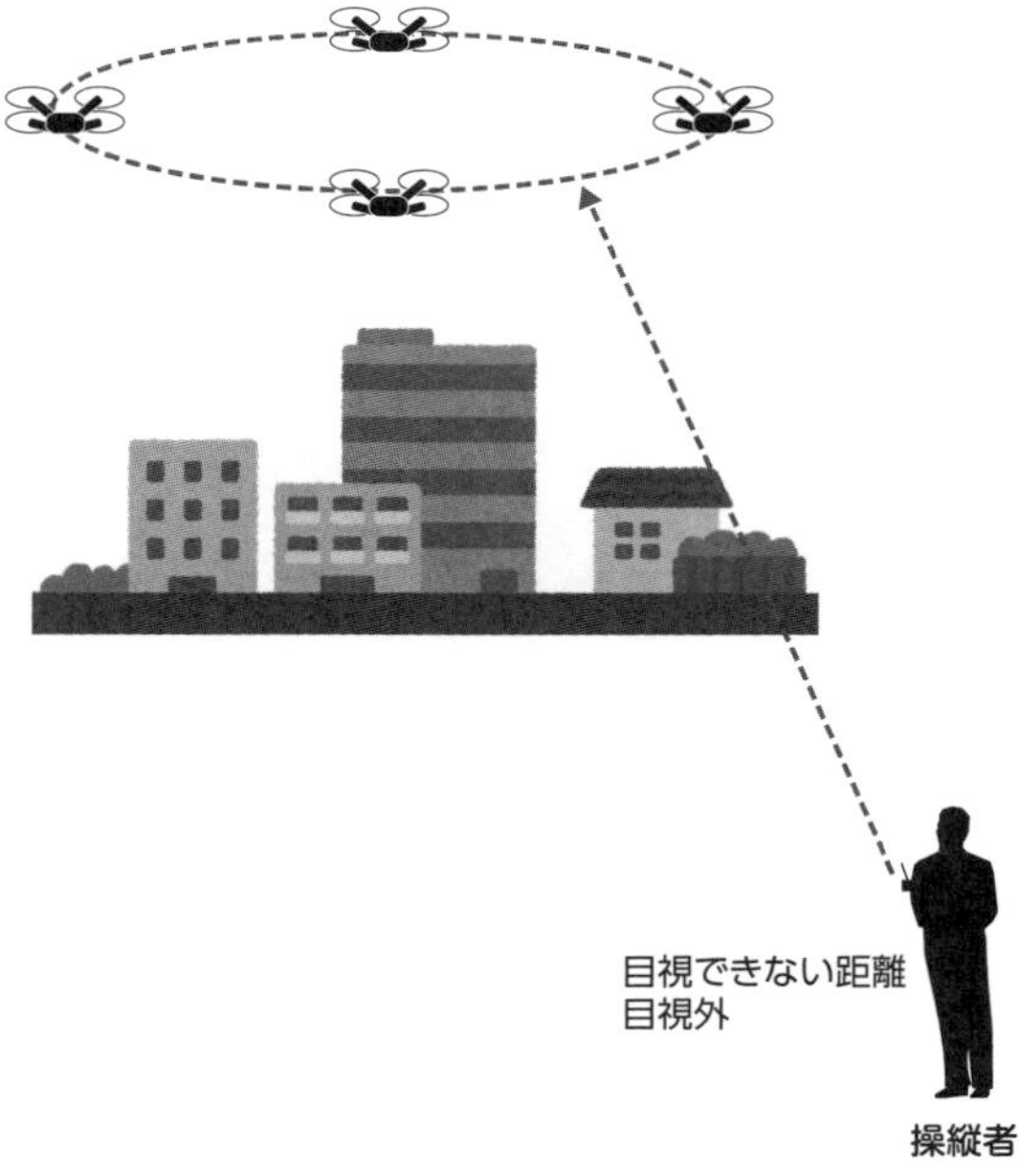

新制度によって「有人地帯での補助者なし目視外飛行」が
認められるようになった

Check9

ドローンを飛ばす際の「カテゴリー」と「レベル」の違いとは

ドローンの無人航空機操縦者技能証明や飛行申請などについて調べていると、よく目にするのが「カテゴリー」と「レベル」という用語です。カテゴリーについては、ドローンを飛ばすときの「リスクの大きさ」に応じた区分で、カテゴリーⅠ～カテゴリーⅢまであることは先に説明しました。

一方、「レベル」とは飛行方法による区分といえます。図表4－5のように分けられています。

後述する「一等無人航空機操縦士」と「第一種機体認証」をセットで取得すると、カテゴリーⅢに該当する「立入管理措置を講じない」、「第三者の上空」での特定飛行

（図表4-5）

区分	飛行方法	カテゴリーとの関係
レベル4	有人地帯（第三者上空）での目視外飛行	カテゴリーⅢに相当
レベル3	無人地帯（山間部や離島等）での目視外飛行	カテゴリーⅡに相当
レベル2	目視内で自律飛行（自動での飛行）	カテゴリーⅡに相当
レベル1	目視内で操縦飛行	カテゴリーⅠに相当

が可能になります。リスクが最も高いとされる「カテゴリーⅢでの特定飛行」の中には、レベル4の「有人地帯（第三者上空）での補助者なし目視外飛行」が含まれているイメージで理解するとわかりやすいでしょう。

新制度で新たに整備されたこと

さて、2022年12月5日からスタートした新制度では、「有人地帯（第三者上空）での補助者なし目視外飛行」というレベル4が認められるようになったことが最大のポイントです。ただし、国土交通省への飛行申請をすれば、どのような場合でも「レベル4」飛行が認められるというわけではもちろんありません。

新制度では、「機体認証」、「無人航空機操縦者技能証明」、「運航に係るルール」の3つが新たに整備されました。

この新制度のもとに「第一種機体認証を受けた機体」で、「一等無人航空機操縦士」を取得し、「運航に係るルール」を守ってドローンを飛ばす場合で、国土交通省に申請し承認されればレベル4の飛行が認められるようになったのです。

機体認証とは、安全な機体かどうか、整備されている機体かどうかを確認するもので、「無人航空機操縦者技能証明が求める安全性をクリアし、飛行性能をきちんと有している機体かどうかを認証する」ものと考えるとよいと思います。

レベル4の飛行をするには、「機体認証（第一種機体認証）」を受けたドローンを、「無人航空機操縦者技能証明（一等無人航空機操縦士）」を取得した人が、「運航に係るルール」を守って飛ばすこと、この3つがセットになっていることが求められるのです。

一等無人航空機操縦士と二等無人航空機操縦士との違いは

すでに簡単に触れていますが、「一等無人航空機操縦士」と「二等無人航空機操縦士」の2種類の国家資格が制定されています。国家資格となったことで、車の運転免許と同じように考えている人もいるようですが「免許」ではなく「技能証明」です。多くの免許がお金を払って受験し、合格すれば取得できるのに対して、技能証明なので「適性」がなければ取得できません。
それぞれについて説明すると、次のようになります。

▼一等無人航空機操縦士

立入管理措置を講じることなく特定飛行を行うときに必要となる技能証明

カテゴリーⅢに該当する飛行のときに必要

一等無人航空機操縦士を取得すると「ドローンの飛行経路下に立入管理措置を講じない」で「第三者の上空を飛行させる」ことが可能になります。

カテゴリーⅢに該当する飛行に必要な技能を有すると認められることで、「レベル４＝有人地帯（第三者上空）での補助者なし目視外飛行」を実施できます。

▼二等無人航空機操縦士

立入管理措置を講じた上で特定飛行を行うときの技能証明 ※必須ではありません

二等無人航空機操縦士と第二種機体証明をセットで取得するとカテゴリーⅡに該当する飛行のときに、一部の申請・承認が不要、もしくは簡略化されます。具体的には申請・承認なしで「目視外」、「人や物件から30メートル以内」の飛行が可能になります。

カテゴリーⅡに該当する飛行に必要な技能を有すると認められ、補助者を配置するなど安全対策を講じた上で、「レベル3＝無人地帯（山間部や離島等）での目視外飛行」を実施できます。

ただし、カテゴリーⅡ（AとB）の飛行において、二等無人航空機操縦士の国家資格取得は必須ではありません。これまで通り安全対策などを万全にして、国土交通省に飛行申請をして承認されれば、無人航空機操縦士の国家資格を取得していない人でも、カテゴリーⅡ（AとB）の飛行をすることができます。

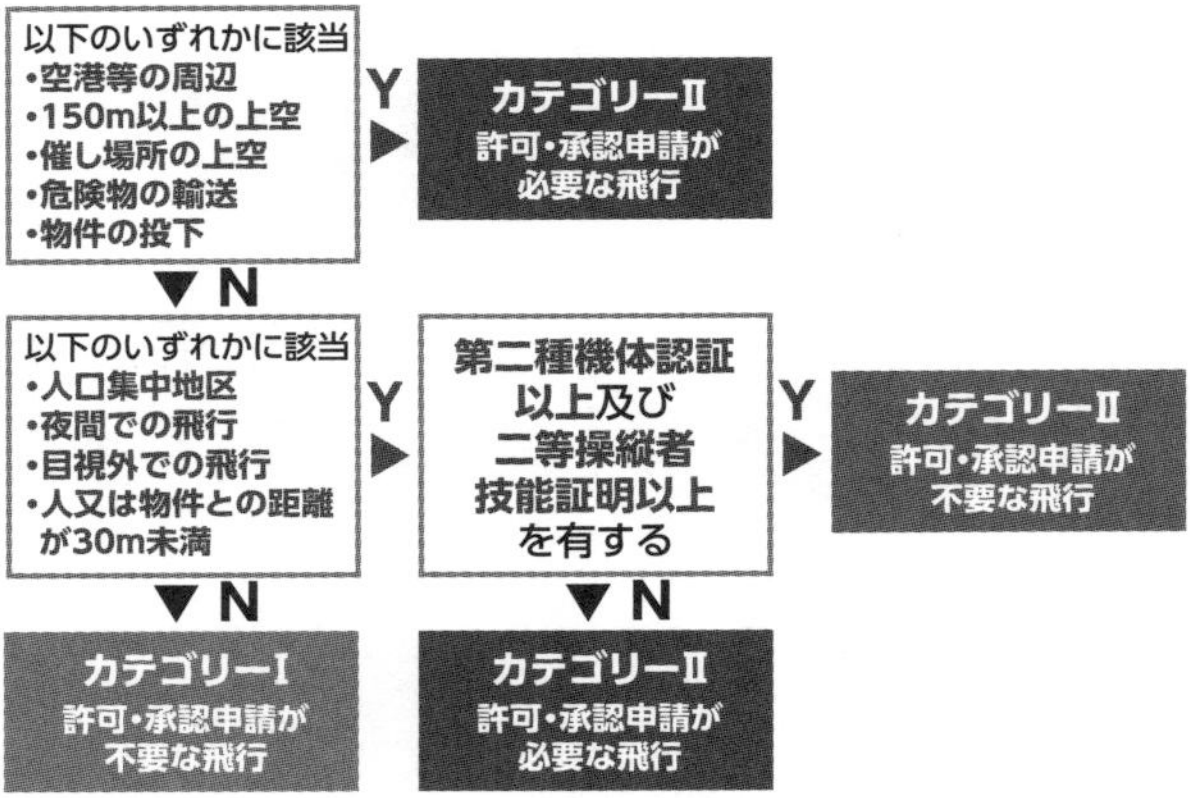

以下のいずれかに該当
・空港等の周辺
・150m以上の上空
・催し場所の上空
・危険物の輸送
・物件の投下
Y
カテゴリーⅡ
許可・承認申請が必要な飛行
N
以下のいずれかに該当
・人口集中地区
・夜間での飛行
・目視外での飛行
・人又は物件との距離が30m未満
Y
第二種機体認証以上及び二等操縦者技能証明以上を有する
Y
カテゴリーⅡ
許可・承認申請が不要な飛行
N
カテゴリーⅠ
許可・承認申請が不要な飛行
N
カテゴリーⅡ
許可・承認申請が必要な飛行

国土交通省ホームページをもとに作成

「無人航空機操縦者技能証明」はどのようなケースで必要なのか

どのようなケースで、無人航空機操縦者技能証明が必要となるのか、今度は国土交通省が公開しているチャート図をもとに説明します。

上の図表のスタートは左上の「『特定飛行』に該当する飛行を実施する」です。特定飛行に該当しない場合は、カテゴリーⅠの飛行となるので、基本的には国土交通省への飛行申請も無人航空機操縦者技能証明の取得も必要ありません。特定飛行に該当しない飛行とは、例えば広い砂浜や河川敷などＤＩＤに指定さ

（図表4-6）

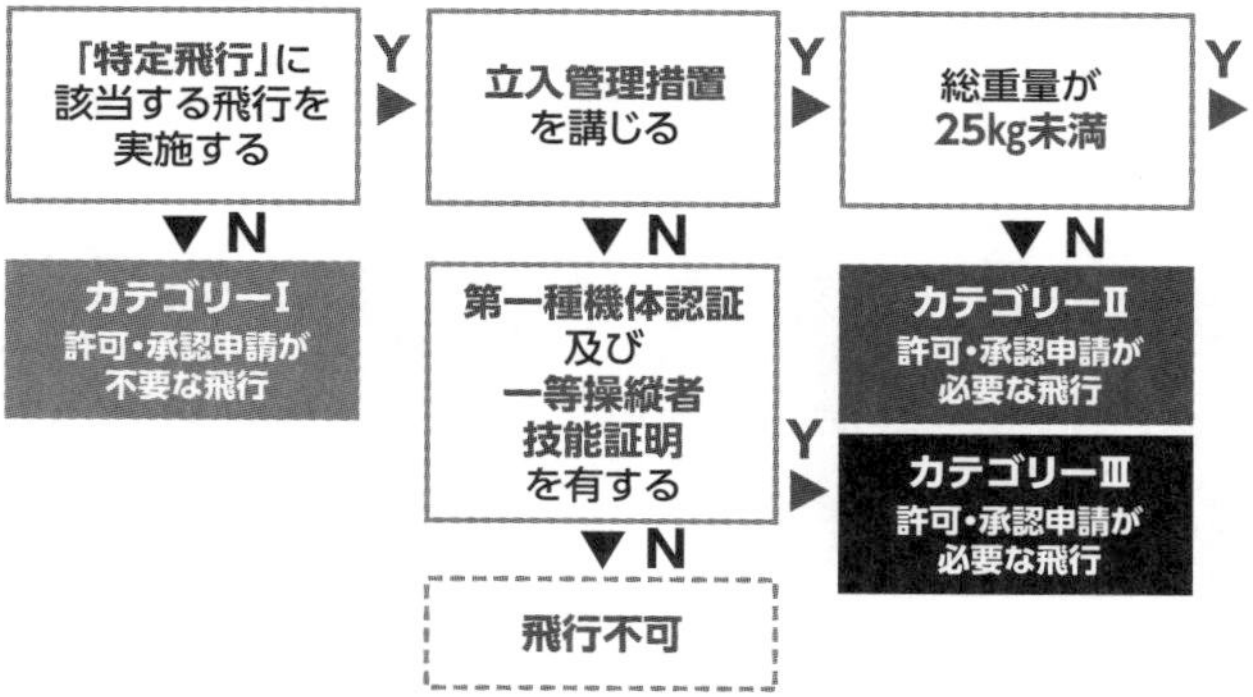

カテゴリーⅢでのドローン飛行には、第一種機体認証と一等無人航空操縦士の技能証明がセットで必要になる

れていない場所で、人または物件と十分な距離（30メートル以上）を確保できるところでドローンを飛ばすといった場合です。

特定飛行に該当する場合には、次に「立入管理措置を講じる」かどうかがポイントになります。このあたりは第2章でも説明しています。立入管理措置を講じない場合はカテゴリーⅢでの飛行となり、国家資格である「一等無人航空機操縦士」と「第一種機体認証」を受けたドローンが必須になります。

一方、立入管理措置を講じる場合、次のポイントは「ドローンの総重量が25キログラム以上か未満」かということです。

25キログラム以上の場合は、カテゴリーⅡAの飛行となります。国家資格である一等無人航空機操縦士、二等無人航空機操縦士はいずれも必須ではありませんが、国土交通省への飛行申請と承認が必要になります。

このチャート図を見ていただくとわかりますが、二等無人航空機操縦士を取得しておくと、特定飛行のうち人口集中地区（ＤＩＤ）の上空や夜間での飛行、目視外での飛行、人や物件からの距離が30メートル未満の飛行などをするカテゴリーⅡBの場合に、国土交通省への飛行申請と承認が不要になるケースがあります。

技能証明の「限定変更」とは

ドローンは、形状が大きく重いと横風の影響を受けにくかったり、より大きな荷物を運んだりできるようになります。離陸時の最大重量が25キログラム以下のドローンでは5キログラム程度の荷物を運ぶことは問題ないとされていますが、それ以上の大きな荷物となるとより大きな形状のドローンのほうが適しています。

ドローンで離島に生活物資を運搬するといった場合などで離陸時重量が25キログラム以

上のドローンを飛ばすときには、「限定変更」と呼ばれる手続きが必要です。

限定変更を行うことで、次のことが可能になります。

・操縦するドローン（ヘリコプター／マルチローター／飛行機）の追加
・最大離陸重量の拡大（25キログラム以上）
・昼間飛行に加えて夜間飛行
・目視内飛行に加えて目視外飛行

無人航空機操縦者技能証明の限定変更を行うことで、25キログラム以上のドローンを操縦したり、夜間飛行や目視外飛行をしたりすることが可能となるのです。

なお、最大離陸重量、飛行可能な時間帯、飛行のときの目視範囲の拡大は、技能証明書の新規申請時からできます。

技能証明書の取得方法。「公認スクール」に通うかどうか

技能証明書を申請する具体的な手順を説明します。

国土交通省では、技能証明書を取得しようとする人たちに対し、ドローンの飛行に必要な知識や能力を身につけてもらうために、国が定めた施設・設備、講師などの要件を満たした民間事業者を「登録講習機関」としています。この登録講習機関は車の運転免許でいうところの公認自動車教習所といえるでしょう。いわば、公認のドローンスクールです。

技能証明書を取得する際には、この登録講習機関を利用する方法と、そうでない方法の大きく2つのパターンがあります。

【登録講習機関に通う場合】

「①技能証明申請者番号取得（国土交通省）」→「②講習受講（登録講習機関）」→「③学科試験受験（指定試験機関）」→「④身体検査受検（指定試験機関）」→「⑤試験合格証

明書取得（指定試験機関）」→「⑥技能証明発行申請（国土交通省）」→「⑦技能証明取得（国土交通省）」

※③から⑤まで最短で15日程度かかります

【登録講習機関に通わない場合】

「①技能証明申請者番号取得（国土交通省）」→「②学科試験受験（指定試験機関）」→「③実地試験受験（指定試験機関）」→「④身体検査受検（指定試験機関）」→「⑤試験合格証明書取得（指定試験機関）」→「⑥技能証明発行申請（国土交通省）」→「⑦技能証明取得（国土交通省）」

※②から⑤まで最短で１か月程度かかります

※国土交通省及び登録講習機関でかかる日数については、それぞれの機関にお問い合わせください

Check10

信頼できる「登録講習機関」をどう選ぶか

ドローンの操縦技能を証明する資格では、国家資格とは別に「民間資格」があります。これは、ドローンの操縦技能を教える民間のいわゆる「ドローン教習所」の独自資格です。独自資格なので取得までにかかる日数や時間はまちまちですが、ドローン教習所で座学と実技で合わせて15~20時間、最短2日間程度の講習を受けた後に試験を受けて合格すると取得できるのが一般的なようです。

これに対して、国家資格である無人航空機操縦者技能証明（一等・二等）は、国土交通省の登録講習機関で座学と実技で合わせて40~50時間、最短でも10日程度の講習を受けて取得するケースが多いようです。登録講習機関で実技試験を受けて合格した後に国土交通省が指定する審査機関で飛行ルールなどに関する筆記試験を受けて合格しなければなりませんが、登録講習機関での実技試験に合格しておけば審査機関での実技試験が免除されます、このあたりは、現行の車の運転免許の取得と似ています。

さて、これから一等無人航空機操縦士の取得を考える人にとって、悩ましいのが「スクール選び」ではないでしょうか。国土交通省の登録講習機関だけではなく、それ以外のドローンスクールも合わせると、全国に数多くあり、カリキュラムも費用もさまざまです。その中には、安価な費用で、しかも、わずか数日で一等無人航空機操縦士の取得をサポートするといった、にわかには信じ難いようなところもあるようです。

そこで、私なりに、スクール選びのポイントをまとめてみましたので参考にしてください。

・国土交通省の登録講習機関である
・「一等無人航空機操縦士」を取得しているインストラクターが在籍している
・ドローンの操縦技術をしっかりと教えてくれる
・法律や規制を丁寧に教えてくれる
・ドローンを飛ばすときに守るべき「マナー」も教えてくれる

ドローンの操縦技術は、じつは独学や自己流で身につけていくのが難しいとされています。国土交通省の登録講習機関の中から、いくつか候補を選び、問い合わせや講習を見学させてもらってから選んでいくとよいでしょう。

技能証明書の申請手順

次に具体的な申請の手順を説明します。ここでは、【登録講習機関に通う場合】での流れを示します。

STEP1 費用の確認

技能証明書の取得には、おもに次に示す費用がかかります。まずは、どのくらいの費用がかかるのかを事前に確認しておくようにしましょう。

・講習受講費用

これは先に説明した【登録講習機関に通う場合】にかかる費用です。具体的な費用は、それぞれの登録講習機関に問い合わせてください。

・受験申請費用

実際に受験するのに必要な費用です。「技能証明の取得の方法」で示した通り、学科試験、実施試験、身体検査などでそれぞれに費用がかかります。合計でおおむね3万5000円~5万5000円程度かかります。詳細は、指定試験機関である一般財団法人日本海事協会（ClassNK）のホームページなどで確認してください。

・交付申請費用

技能証明書の交付にかかる費用です。費用は、新規申請で3000円、再交付や更新申請で2850円です。詳細は国土交通省のホームページで確認してください。

STEP2 本人確認手続き

原則オンライン（DIPS2・0）で本人確認手続きを行います。手続きが完了すると、登録講習機関における講習受付、指定試験機関における試験受付などで使用する「技能証明申請者番号」が取得できます。

STEP3 登録講習機関で受講

登録講習機関において、ドローンに関する知識・能力についての学科や実地のドローン講習を受講します。

STEP4 指定試験機関での受験

登録講習機関において講習を修了した後、指定試験機関に受験申請をして、学科試験・実地試験・身体検査を受けます。実地試験は、学科試験に合格しないと受けることができません。

なお、登録講習機関で実技試験に合格していると、指定試験機関での実施試験が免除になります。

STEP5 技能証明書の交付申請

試験に合格したら、国土交通省に技能証明書の交付申請を行います。

交付の申請は原則、オンライン（DIPS2.0）で行います。その際に交付手数料の納付が必要になります。

なお、一等無人航空機操縦士の場合、登録免許税（3000円）を追加で納付する必要があります。

ちなみに、技能証明書の有効期限は3年です。登録更新講習機関の無人航空機更新講習を修了し、身体適性の基準を満たすことで、技能証明書を更新できます。

レベル４飛行で必要となる機体認証とは

ここまで、無人航空機操縦者技能証明について説明してきました。新制度では、無人航空機操縦者技能証明だけでなく、機体認証やドローンの運行ルールについても定められています。

そこで、次に機体認証について説明します。

型式認証と機体認証、何がどう違うの？

機体認証には大きく2種類あります。「第一種型式認証」／「第一種機体認証」と「第二種型式認証」／「第二種機体認証」です。

型式認証と機体認証という用語がでてきました。どう違うのかと思うかもしれません。

ドローンの設計者やメーカーが申請する型式認証

型式認証とは、ドローンの設計者や製造者、ようするにドローンのメーカーが国土交通省、もしくは登録検査機関に申請するものです。

（図表4-7）

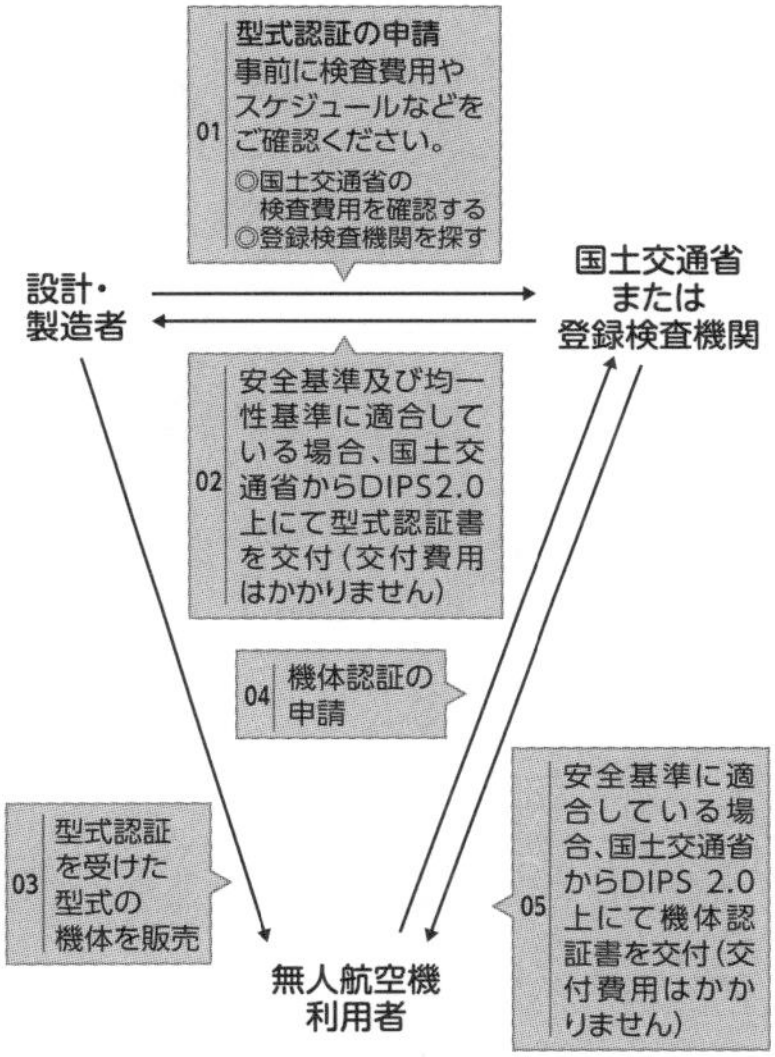

01 型式認証の申請 事前に検査費用やスケジュールなどをご確認ください。
◎国土交通省の検査費用を確認する
◎登録検査機関を探す
設計・製造者
国土交通省または登録検査機関
02 安全基準及び均一性基準に適合している場合、国土交通省からDIPS2.0上にて型式認証書を交付（交付費用はかかりません）
04 機体認証の申請
03 型式認証を受けた型式の機体を販売
05 安全基準に適合している場合、国土交通省からDIPS 2.0上にて機体認証書を交付（交付費用はかかりません）
無人航空機利用者

設計者や製造者は型式認証を受けた上でドローンを販売する。購入者は型式認証を受けたドローンを購入することで、レベル4飛行の際に「機体認証」の全部または一部が省略される

国土交通省ホームページより作成

ドローンのメーカーが、自社が製造したドローンが安全基準などを正しく満たしていることを証明するために申請して認証を受けます。この型式認証を受けたドローンであれば、安心して飛ばすことができるといえます。

金額	検査手法			備考
	設計	製造	現状	
¥44,000	免除	免除	実地	※申請に含まれる機体のうち、1機目の機体の手数料
¥43,400	免除	免除	実地	※申請に含まれる機体のうち、2機目以降の機体の手数料（ただし、1機目の機体と同一型式とする）
¥1,590,300	書類 実地	書類 実地	書類 実地	
¥1,481,200	書類 実地	書類 実地	書類 実地	
¥49,600	免除	免除	書類 実地	※申請に含まれる機体のうち、1機目の機体の手数料
¥49,000	免除	免除	書類 実地	※申請に含まれる機体のうち、2機目以降の機体の手数料（ただし、1機目の機体と同一型式とする）
¥1,592,200	書類 実地	書類 実地	書類 実地	
¥1,483,100	書類 実地	書類 実地	書類 実地	
¥49,600	免除	免除	書類 実地	※申請に含まれる機体のうち、1機目の機体の手数料
¥49,000	免除	免除	書類 実地	※申請に含まれる機体のうち、2機目以降の機体の手数料（ただし、1機目の機体と同一型式とする）
¥49,600	免除	免除	書類 実地	
¥141,100	書類 実地	書類 実地	書類 実地	
¥135,700	書類 実地	書類 実地	書類 実地	

国土交通省ホームページより作成

ドローンの機体一つひとつを対象にする機体認証

機体認証は、ドローンの使用者が所有する機体の一つひとつを対象とし、所有者が国土交通省や登録検査機関に申請し、検査を受けることで認証を取得します。先に説明した型式認証を受けたドローンであれば、機体認証の検査の全部または一部が省略されます。

第一種機体認証は国土交通省、第二種機体

（図表4-8）
無人航空機の第一種機体認証の手数料額（国土交通省が検査を行う場合）

区分					
第一種機体認証	新規申請	新品	第一種型式認証 取得済み	—	—
			第一種型式認証 未取得	—	特定空域 ※を含む空域を飛行する型式の無人航空機
					特定空域 ※を含まない空域を飛行する型式の無人航空機
		中古	第一種型式認証 取得済み	—	—
			第一種型式認証 未取得		特定空域 ※を含む空域を飛行する型式の無人航空機
					特定空域 ※を含まない空域を飛行する型式の無人航空機
	更新申請		第一種型式認証 取得済み	—	—
			第一種型式認証 未取得	改造無	—
				改造有	特定空域 ※を含む空域を飛行する型式の無人航空機
					特定空域 ※を含まない空域を飛行する型式の無人航空機

※「特定空域」とは、人口密度が1km2当たり1万5千人以上の区域の上空を含む空域を指します。
※設計・製造過程の検査が生じるケースは、申請前に国土交通省航空局安全部無人航空機安全課までご相談ください。（電話番号　03-5253-8111(代表)）
※現状の実地検査が生じるケースは、申請者側で検査場所をご準備いただく必要があります。

認証は登録検査機関で検査を受けます。検査費用は国土交通省と登録検査機関で異なりますので、申請前に確認するようにしましょう。費用は、第一種機体認証を新規で国土交通省で受ける場合で4万3400円（新品・第一種型式認証を取得済み）～159万2200円（中古・第一種型式認証を未取得）です。

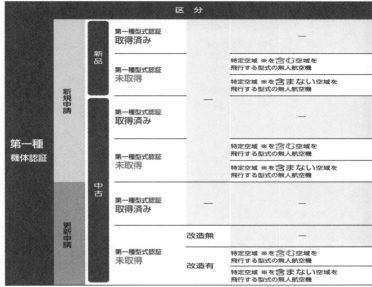

（図表4-9）

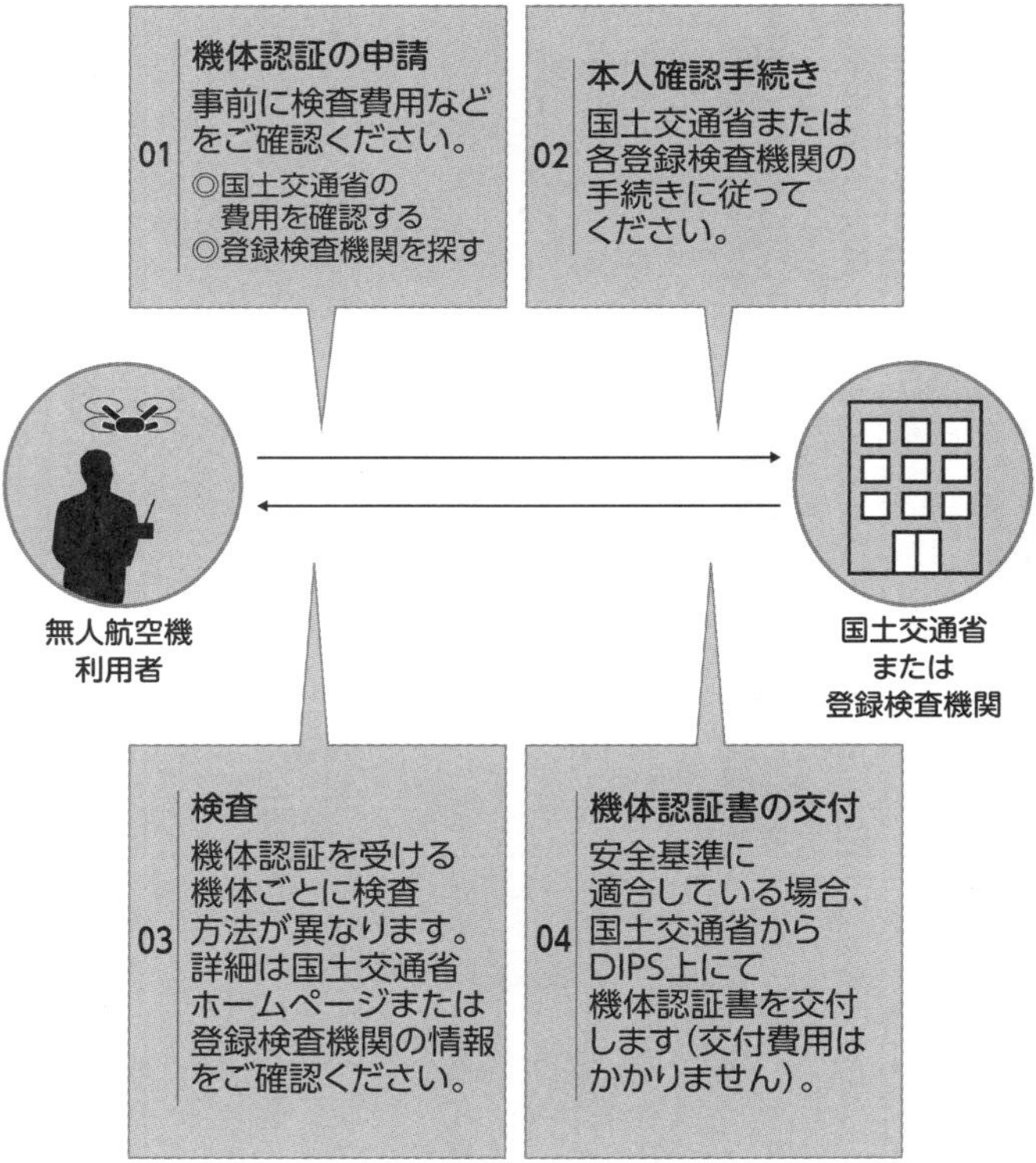

ドローンの操縦者の機体認証の流れ

国土交通省ホームページより作成

型式認証と機体認証、第一種と第二種の違いは

型式認証と機体認証には、「第一種型式認証」／「第一種機体認証」と「第二種型式認証」／「第二種機体認証」があります。

第一種型式認証と第一種機体認証は、ドローンを飛ばすときに立入管理措置をしない特定飛行、つまりカテゴリーⅢの飛行を目的とした機体の認証です。第一種型式認証の有効期間は3年、第一種機体認証の有効期間は1年で更新可能です。

第二種型式認証、第二種機体認証は、立入管理措置をした上での特定飛行、つまりカテゴリーⅡの飛行を目的とした機体の認証です。第二種型式認証と第二種機体認証の有効期間は3年で、更新可能です（カテゴリーについては132ページ参照）。

■第一種型式認証と第一種機体認証

カテゴリーⅢの飛行を目的としたドローンが対象

■第二種型式認証と第二種機体認証
カテゴリーⅡの飛行を目的としたドローンが対象

新制度で整備されたドローンの運航ルール

さて、新制度によってドローンの運航ルールも新たに整備されました。新たな運航ルールでは、「飛行計画の通報」、「飛行日誌の記載」、「事故・重大インシデントの報告」、「負傷者発生時の救護義務」が定められています。順番にみていきましょう。

まず、「飛行計画の通報」です。カテゴリーⅡでもカテゴリーⅢでも特定飛行をするときには、必ず飛行計画の通報をすることが必要になりました。事前に自らの飛行計画（飛行の日時、経路、高度など）を国土交通大臣に通報し、飛行計画が他の無人航空機の飛行計画と重複しないようにします。

具体的には、飛行の許可・承認の申請手続きを行った後に、飛行計画を通報してから実際にドローンを飛行させることになります。飛行計画の通報は、ＤＩＰＳ２・０を利用してオンラインで行います。

なお、特定飛行以外でドローンを飛ばす場合でも、ドローンを安全に飛ばすために飛行計画を通報することをおすすめします。

ドローンの特定飛行には飛行日誌を作成することが必要

ドローンを特定飛行させるときには、「飛行・整備・改造などの情報を遅滞なく飛行日誌に記載しなければならない」と定められています。詳細は、国土交通省による「無人航空機の飛行日誌の取扱要領」に記されています。

※ https://www.mlit.go.jp/koku/content/001574394.pdf

具体的には、次に示す内容を記載します。

【飛行日誌の記載内容】

・飛行した内容を記録する「飛行記録」

・飛行前点検などの結果を記録する「日常点検記録」
・定期的な点検の結果や整備・改造内容を記録する「点検整備記録」

【飛行記録・日常点検記録・点検整備記録の詳細】

■飛行記録

ドローンの操縦者がドローンを飛行させた場合には、その都度、飛行の実績について記載をしなければなりません。記載する様式が国土交通省により、図表4－10に示すように定められています。

飛行記録に記載するのは、おもに次の内容です。

●無人航空機の登録記号、種類／型式

※試験飛行機等で登録記号を受けていない場合は当該試験飛行にかかわる届出番号

※型式認証を受けたドローンの型式

（NR.　　）

間 IME	飛行の安全に影響のあった事項 MATTERS AFFECTED FLIGHT SAFETY

	確認者 CONFIRMER

（図表4-10）

無人航空機の登録記号 REGISTRATION ID OF UAS	

無人航空機の飛行記録
JOURNEY LOG OF UAS

飛行年月日 FLIGHT DATE	飛行させた者の氏名 NAME OF PILOT	飛行概要 NATURE OF FLIGHT	離陸場所 FROM	着陸場所 TO	離陸時刻 OFF TIME	着陸時刻 ON TIME	飛行時間 FLIGHT TIME

記事 REPORT	発生年月日 SQUAWK DATE	不具合事項 FLIGHT SQUAWK	処置年月日 ACTION DATE	処置そ CORRECTIVE

●無人航空機の型式認証書番号
※型式認証を受けた型式のドローンの型式認証書番号

●機体認証の区分、および機体認証書番号
※機体認証を受けたドローンの機体認証書番号

●ドローンの設計製造者および製造番号

●ドローンの飛行に関する次の記録
・飛行年月日

・操縦者の氏名、無人航空機操縦者技能証明書番号
・飛行の目的および経路
・飛行させた飛行禁止空域および飛行の方法
・離陸場所および離陸時刻
・着陸場所および着陸時刻
・飛行時間
・製造後の総飛行時間
・飛行の安全に影響のあった事項の有無およびその内容

●不具合およびその対応に関する次の記録

・不具合の発生年月日およびその内容
・対応を行った年月日およびその内容並びに確認を行った者の氏名

なお、先に特定飛行については、飛行計画の通報が必要と説明しました。ただし、実際に飛ばすときには、必ずしも飛行計画に完全に一致した飛行ができるとは限りません。

事前に通報した飛行計画と実際の飛行の整合性（厳密な所要時間の一致など）は必ずしも取る必要はなく、あくまで飛行記録には飛行の実績を記録するようにしてください。

また、通報したひとつの飛行計画の中で複数回の飛行を行った場合は、一回の飛行ごとに飛行記録を記載するようにしてください。

■日常点検記録

日常点検記録では、ドローンの 操縦者がドローンを飛行させる前に行う飛行前点検などの日常点検の結果について記載します。記載する様式が国土交通省により、図表4-11に示すように定められています。

日常点検記録に記載するのは、おもに次の内容です。

●無人航空機の登録記号、種類／型式

※試験飛行機等で登録記号を受けていない場合は当該試験飛行にかかわる届出番号
※型式認証を受けたドローンの型式

●無人航空機の型式認証書番号
※型式認証を受けた型式のドローンの型式認証書番号

●機体認証の区分、および機体認証書番号
※機体認証を受けたドローンの機体認証書番号

●ドローンの設計製造者および製造番号

●日常点検に関する次の記録
・実施の年月日および場所
・実施者の氏名
・点検項目ごとの日常点検の結果

(NR.　　　)

備考 REMARKS

・その他の特記事項

なお、ドローンの設計者や製

（図表4-11）

無人航空機の登録記号 REGISTRATION ID OF UAS	

無人航空機の日常点検記録
DAILY INSPECTION RECORD OF UAS

点検項目 INSPECTION ITEMS		結果 RESULT
機体全般 UAS GENERAL	機器の取り付け状態（ネジ、コネクタ、ケーブル等）	
プロペラ PROPELLER(S)	外観、損傷、ゆがみ	
フレーム FLAME	外観、損傷、ゆがみ	
通信系統 COMMUNICATION SYSTEM	機体と操縦装置の通信品質の健全性	
推進系統 PROPULSION SYSTEM	モーター又は発動機の健全性	
電源系統 POWER SYSTEM	機体及び操縦装置の電源の健全性	
自動制御系統 AUTOMATIC CONTROL SYSTEM	飛行制御装置の健全性	
操縦装置 FLIGHT CONTROL SYSTEM	外観、スティックの健全性、スイッチの健全性	
バッテリー、燃料 BATTERY, FUEL	バッテリーの充電状況、残燃料表示機能の健全性	
特記事項 NOTES		
実施場所 PLACE	実施年月日 DATE	実施者

造者が日常点検項目を指定している場合は、それに従った日常点検をするようにしてください。

■点検整備記録

ドローンの操縦者や所有者から点検整備などに関する業務を請け負っているドローンの設計や製造者が、定期的な点検整備、または改造を行ったときに、その都度、記載するのが点検整備記録です。

飛行計画などに記したドローンを飛行させるときよりも以前

に、故障などの不具合があった場合には、原因の探求や是正処置などに関連した整備作業の実施状況についても記載するようにしてください。

点検整備記録に記載するのは、おもに次の内容です。

●無人航空機の登録記号、種類／型式

※試験飛行機等で登録記号を受けていない場合は当該試験飛行にかかわる届出番号

※型式認証を受けたドローンの型式

●無人航空機の型式認証書番号

※型式認証を受けた型式のドローンの型式認証書番号

●機体認証の区分、および機体認証書番号

※機体認証を受けたドローンの機体認証書番号

（NR.　　　　）

実施者 ENGINEER	備考 REMARKS

空機は、点検整備作業を実施し

（図表4-12）

無人航空機の登録記号 REGISTRATION ID OF UAS	

無人航空機の点検整備記録
INSPECTION AND MAINTENANCE RECORD OF

実施年月日 DATE	総飛行時間※ TOTAL FLIGHT TIME	点検、修理、改造及び整備の内容 DETAIL	実施理由 REASON	実施 P

※前回の機体認証を受検するにあたり実施した点検整備以降の総飛行時間を記入する。機体認証を受けていな
た時点での総飛行時間を記入するものとする。

●ドローンの設計製造者および製造番号

●点検、修理、改造または整備に関する次の記録

・実施の年月日および場所
・実施者の氏名
・点検、修理、改造および整備の内容（部品を交換した場合には、当該交換部品名を記載してください）
・実施の理由
・最近の機体認証後の総飛行時間
・その他特記事項

特定飛行中に事故やインシデントが発生したら

ドローンを飛ばしていると、事故や事件・事故などになりそうな事案（インシデント）が発生することも考えられます。ドローンの操縦者は、事故やインシデントが発生した場合には、ただちにドローンの飛行を中止して、その日時、場所、事案の概要などの報告を国土交通大臣にしなければならないことが運航ルールで定められています。

これに違反すると航空法によって罰金が科せられることがあるほか、負傷者の救護など危険を防止するために必要な措置を講じない場合には航空法により2年以下の懲役、または100万円以下の罰金が科せられることもあります。

事故やインシデントが発生した場合の報告は、DIPS2・0を利用してオンラインで行います。

ドローンを飛ばしているときの事故とは、おもに次のようなものです。

・人の死傷（重傷以上の場合）
・物件の破損
・航空機との衝突または接触

重大なインシデントとは、おもに次のようなものです。

・航空機との衝突または接触のおそれがあったと認めたとき
・ドローンによる人の負傷（軽傷の場合）
・ドローンの制御が不能となった事態
・ドローンが発火した事態（飛行中に発生したものに限定）

ドローン飛行中に負傷者が発生したときには

ドローンを飛ばしているときに負傷者が発生した場合、ただちにドローンの飛行を中止し、事故などの状況に応じて危険や被害の拡大を防止するために必要な措置をとらなくてはなりません。具体的には、次のような措置が求められます。

・負傷者の救護（救急車の要請含む）
・消防への連絡や消火活動
・警察への事故の概要の報告

ここまで2022年12月5日からスタートした新制度の概要について説明してきました。第5章では、国家資格となったドローンパイロットの資格取得で広がる世界について紹介します。

第5章

ドローンを使いこなせる人にチャンス！

国家資格取得で広がる、新しい楽しみ方と副業

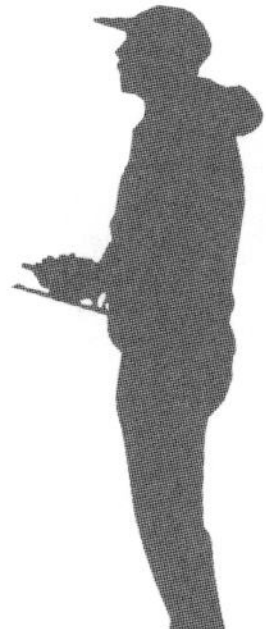

住宅街の上空などでの「補助者なし・目視外飛行」が可能に

第4章で説明したように2022年12月より国土交通省によるドローンの新制度がスタートし、「有人地帯（住宅街の上空など）での補助者なし目視外飛行」のいわゆる「レベル4」飛行が認められるようになりました。

レベル4の飛行が認められるようになったことで、以前の制度から何がどう変わったのか、あらためておさらいをしておきます。

以前の制度では、「空港の周辺」や「高度150メートル以上の上空」、「DID（人口集中地区）の上空」などでドローンを飛ばす場合には、飛行するたびに国土交通大臣の許可と承認が必要とされていました。つまり、特定飛行に該当する場合には、飛行申請と承認が必須だったのです。

また、ドローン操縦者とその補助者以外の第三者がいる有人地帯の上空にドローンを飛ばすとき、新制度がスタートする以前は原則的に「飛行は不可」とされていました。

これが、レベル4が解禁となったことで、「第一種機体認証を受けた」ドローンで、「一等無人航空機操縦士」を取得した（国家資格を取得した）ドローン操縦者が、「ドローンの運航に係るルール」に従って操縦する場合には、ドローンの飛行が可能となったのです。わかりやすく図表5－1にまとめておきます。

レベル4解禁でドローンビジネスは2027年には5000億円市場に

レベル4が解禁されたことで、ドローンが社会のさまざまな分野で活用されると期待されています。ドローンの性能向上も目覚ましく、農業分野での農薬散布をはじめ、橋梁やダムなどのインフラ設備の点検などでも活用がさらに増大すると考えられています。とくに、ドローンを使って山間部や離島などに、生活必需品や医薬品、宅配品などを無人配送するサービスの本格化など物流分野での利用拡大に期待が集まっています。

こうしたドローンによる新たなサービスの誕生は、「空の産業革命」とも呼ばれ、ある試算によると「2027年には市場規模が5000億円を突破する」と考えられています。

（図表5-1）

飛行の態様	以前の取り扱い	改正後	
「第三者上空」 （レベル4飛行が該当）	飛行不可	**新たに飛行可能** （飛行毎の許可・認証※） ※運航管理方法等を確認	①機体認証（新設） を受けた機体を、 ②操縦ライセンス（新設） を有する者が操縦し、 ③運航ルール（拡充） に従う
「第三者上空」以外で 空港の周辺や高度150m 以上の上空、DIDの上空	飛行毎の 許可・認証	原則として飛行毎の **許可・承認は不要** ※一部の飛行類型は飛行毎の許可・承認が必要 ※機体認証・操縦ライセンスを取得せずに、飛行毎の許可・承認を得て飛行することも可 ※飛行経路下への第三者の立入り管理等を実施	
これら以外の飛行	手続き不要	手続き不要	

新制度後（改正後）には、「機体認証を受けた」ドローンで、「無人航空機操縦者技能証明」を取得した操縦者が、「ドローンの運航に係るルール」に従って操縦する場合、第三者上空でのドローンの飛行が可能となった

国土交通省・内閣官房の資料より作成

２０１６年と比べると10年間で10倍以上に拡大すると予測されているのです。

すでに動き始めた、ドローンを活用した新ビジネス

それでは、レベル４飛行によって、どのようにドローンの活用が広がっていくのでしょうか。ここでは、国土交通省が紹介している内容をもとに説明していきます。

まずは、スタジアムなどでのスポーツ中継、映像や写真の撮影のための空撮が可能になります。

例えばプロ野球やサッカーの試合をはじめ、小学校の運動会や中学校・高校での体育

祭でも、以前であれば実際に競技をしている児童や生徒の上空にドローンを飛ばしての撮影は不可とされていましたが、レベル4の解禁でそうした空撮が可能になります。

また、市街地や山間部、離島などへの医薬品や食料品、生活必需品などの配送も可能になります。

これまでは、ドローンの飛行経路の下に操縦者と補助者以外の第三者が立ち入らない場合、つまり無人地帯上空での飛行に限り認められていました。

そのため、山間部や離島など無人地帯があるエリアであれば、医薬品や食料品、生活必需品などをドローンで配送することは可能だったのですが、レベル4の解禁によって住宅街など有人地帯の上空でもドローンを飛ばして、荷物などを配送することが可能になります。

ドローンの活用はそれだけにとどまりません。災害時の救助活動、救援物資の輸送、被害状況の確認、橋梁や砂防ダムなどのインフラ設備、工場設備の保守・点検、建設現場などの測量、森林資源の調査、イベント施設や離島などの警備、海難捜索などにもドローンを活用できるようになります。

レベル4の解禁にともなって活用の幅が広がっていくと期待されるドローンですが、具体的には、図表5－2に示すようなビジネスで実用化が進むと考えられています。

このうち、災害の分野では、市街地や孤立集落における災害時の救助活動や救援物資の輸送、被害状況の確認、ドローンに取り付けたスピーカーなどを活用した避難誘導などへの活用も考えられているようです。

こうした、ドローンによる新たなサービスの実用化は地域や用途によって段階的に広がっていくようです。

すでに日本国内でも２０２１年12月に楽天グループと日本郵便の合弁会社が、ドローンを使って千葉県市川市の物流施設から千葉市の市街地のマンションへ物資を配送する実証実験に成功しています。機体を目視しながらのドローン飛行でしたが、直線で約12キロメートルの距離を17分で届けたとのことです。

また、海外ではすでに、人が暮らす都市部でのドローンによる物流事業が始まろうとしています。例えば、米国のアマゾン・ドット・コムは、すでに２０１３年からドローン配送の構想を掲げていて、２０２０年には航空運送事業の許可を取得し、近々、実際のサービスを開始するとされています。

（図表5-2）

分類	イメージ	新たなビジネスの可能性
物流	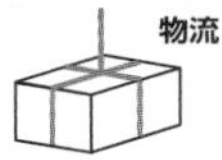	●市街地、中山間地域、離島等における玄関先への医療品や食料品等の配送
警備		●有人のイベント施設、広域施設、離島の警備 ●有人地帯における害獣や密猟者対策 ●有人の海浜を含む広範囲を飛行する海難捜索
空撮		●有人地帯に位置する観光名所等の空撮 ●有人の海浜を含む広範囲の漂流・漂着ごみ調査 ●スポーツチームの戦術分析を目的とした試合の空撮
測量		●有人地帯上空の飛行を伴う建設現場などの測量 ●有人地帯上空の飛行を伴う森林資源量調査
点検	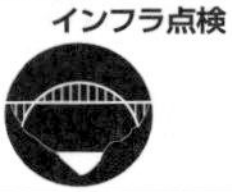	●有人地帯上空の飛行を伴う、橋梁、砂防ダム、煙突、工場設備の点検 ●有人地帯上空の飛行を伴う、人工林の苗木、獣害防護柵、崩落しやすい法面等の点検
農業		●集落周辺から点在する耕作地へ有人地帯上空を通過して行う農薬散布 ●町内に点在する耕作地の作付け状況や農作物の生育状況をまとめて確認 ●有人地帯に位置する耕作地への害獣侵入の確認
災害		●市街地や孤立集落等での災害時の救助活動や救援物資輸送 ●住民が残っている被災地の被害状況の確認 ●ドローンに取り付けたスピーカーの音声による災害発生後の市街地等の上空からの避難誘導

物流、警備、空撮、測量、点検、農業、災害の分野での実用化が期待される

国立研究開発法人 新エネルギー・産業技術総合開発機構の資料より作成

プロのドローンパイロットとなって独立開業や副業で収入を得る道も

こうしたドローンを活用した新たなサービスの登場にともなって、レベル4飛行を可能にする「プロフェッショナルなドローン操縦者」を求める声も高まってくるでしょう。ドローンを活用した新たなビジネスは、そのほぼすべてがレベル4飛行ができることを前提としています。

つまり、国家資格となった一等無人航空機操縦士を取得し、プロフェッショナルな「ドローンパイロット」となることで、独立して収入を得たり、会社勤めをしながら副業として収入を得たりする道が今後、開けていくと考えられるのです。

もし、「プロのドローンパイロット」を目指す、もしくは副業で収入を得ることを考えるのであれば、国土交通省の登録講習機関に通い、操縦技量と知識などをきちんと身につけ、レベル4飛行を可能にする一等無人航空機操縦士を取得することをおすすめします。

本書の冒頭でドローンは航空法の規制を受けると説明しました。そのことは、ドローンが模型飛行機ではなく「航空機」であることを示しています。航空機である以上、例えば旅客機が事故を起こしたら大惨事となってしまうのと同じような気持ちで操縦をしなくてはならないのです。

ドローンを飛ばすことに関する規制をきちんとクリアすること、飛行に関するルールを守ることはもちろん重要ですが、どんなに規制やルールを守っても、ドローンを操縦する人にプロとしてふさわしい操縦技量がなければ事故が起きてしまうリスクが高まります。そうならないように、国土交通省の「登録講習機関」でプロとしての操縦技量を習得することが大切になると考えています。

今、プロフェッショナルなドローンパイロットへの道が新たに開かれています。そして、ドローンには新規ビジネスを生み出し、例えば高齢者や「チャレンジド（身体に障がいのある人たち）」の人たちが収入を得るような新たな道を切り開く可能性もあるのです。

これからドローンを始めてみようかなという人も、なんとなくドローンに興味を持っているだけの人も、本書を手に取っていただいたことをきっかけに、ドローンの可能性を見据えて、新たな道へと足を踏み出すことを考えてみてはいかがでしょうか。

編集協力／株式会社タンクフル
ＤＴＰ／エヌケイクルー

青春新書
INTELLIGENCE

こころ涌き立つ「知」の冒険

いまを生きる

"青春新書"は昭和三一年に——若い日に常にあなたの心の友として、その糧となり実になる多様な知恵が、生きる指標として勇気と力になり、すぐに役立つ——をモットーに創刊された。

そして昭和三八年、新しい時代の気運の中で、新書"プレイブックス"にその役目のバトンを渡した。「人生を自由自在に活動《プレイ》する」のキャッチコピーのもと——すべてのうっ積を吹きとばし、自由闊達な活動力を培養し、勇気と自信を生み出す最も楽しいシリーズ——となった。

いまや、私たちはバブル経済崩壊後の混沌とした価値観のただ中にいる。その価値観は常に未曾有の変貌を見せ、社会は少子高齢化し、地球規模の環境問題等は解決の兆しを見せない。私たちはあらゆる不安と懐疑に対峙している。

本シリーズ"青春新書インテリジェンス"はまさに、この時代の欲求によってプレイブックスから分化・刊行された。それは即ち、「心の中に自らの青春の輝きを失わない旺盛な知力、活力への欲求」に他ならない。応えるべきキャッチコピーは「こころ涌き立つ"知"の冒険」である。

予測のつかない時代にあって、一人ひとりの足元を照らし出すシリーズでありたいと願う。青春出版社は本年創業五〇周年を迎えた。これはひとえに長年に亘る多くの読者の熱いご支持の賜物である。社員一同深く感謝し、より一層世の中に希望と勇気の明るい光を放つ書籍を出版すべく、鋭意志すものである。

平成一七年

刊行者　小澤源太郎

著者紹介

榎本幸太郎〈えのもと　こうたろう〉

一般社団法人国際ドローン協会代表理事・一等無人航空機操縦士。10歳からラジコン飛行機、16歳からラジコンヘリコプターを始め、以後40年にわたって無人航空機を操縦してきた日本におけるドローン操縦の第一人者。2008年からはドローンを使用した多くのミッションに関わり、映画・CMの撮影、都内やDID上空の飛行、山岳地・局地での撮影および調査・測量、3Dマップ製作や壁面調査など豊富な経験を持つ。海外での撮影経験も多い。それらの経験・技術を生かし2018年よりドローンスクールを主宰。23年3月にはIDA無人航空機教習所を開き、一等無人航空機操縦士および二等無人航空機操縦士の技能認証が取得できる全国でも数少ない施設を運営している。

飛《と》ばせる・撮《と》れる・楽《たの》しめる
ドローン超入門《ちょうにゅうもん》

青春新書
INTELLIGENCE

2023年6月15日　第1刷

著者　榎《えの》本《もと》幸《こう》太《た》郎《ろう》

発行者　小澤源太郎

責任編集　株式会社プライム涌光
電話　編集部　03(3203)2850

発行所　東京都新宿区若松町12番1号 〒162-0056　株式会社青春出版社
電話　営業部　03(3207)1916　振替番号　00190-7-98602

印刷・中央精版印刷　製本・ナショナル製本

ISBN978-4-413-04671-8

こころ涌き立つ「知」の冒険!

青春新書 INTELLIGENCE

人生は「2周目」からがおもしろい	齋藤 孝	PI・578
腸から脳を整える最新栄養医学 発達障害は食事でよくなる	溝口 徹	PI・579
元日本テレビ敏腕プロデューサーが明かす 勝つために9割捨てる仕事術	村上和彦	PI・580
定点写真でめぐる東京と日本の町並み	二村高史	PI・581
図説 地図とあらすじでわかる! 釈迦の生涯と日本の仏教	瓜生 中［監修］	PI・582
転職の「やってはいけない」 自分を活かす会社の見つけ方、入り方	郡山史郎	PI・583
野球と人生 最後に笑う「努力」の極意	野村克也	PI・584
武道と日本人 世界に広がる身心鍛練の道	魚住孝至	PI・585
「親の介護・認知症」でやってはいけない相続	税理士法人レガシィ	PI・586
英会話 その〝直訳〟はネイティブを困らせます	デイビッド・セイン	PI・587
中高年がひきこもる理由 臨床から生まれた回復へのプロセス	桝田智彦	PI・588
50代からの人生戦略 いまある武器をどう生かすか	佐藤 優	PI・589
すぐ怠ける脳の動かし方	菅原道仁	PI・590
図解ハンディ版 腸を温める食べ物・食べ方	松生恒夫	PI・591
これ一冊で日常生活まるごとOK! 英会話 ネイティブの1行フレーズ2500	デイビッド・セイン	PI・592
50代から自分を生かす頭のいい副業術	中山マコト	PI・593
大阪の逆襲 万博・IRで見えてくる5年後の日本	石川智久 多賀谷克彦 関西近未来研究会	PI・594
医者も親も気づかない女子の発達障害	岩波 明	PI・595
50代 後悔しない働き方 「勝ち逃げできない世代」の新常識	大塚 寿	PI・596
学校の先生も答えられない「英語のなぜ?」がわかる図鑑	伏木賢一［監修］	PI・597
福沢諭吉と渋沢栄一 学問と実業、対極の二人がリードした新しい日本	城島明彦	PI・598
繰り返す日本史 二千年を貫く五つの法則	河合 敦	PI・599
あなたの職場の繊細くんと残念な上司	渡部 卓	PI・600
何のために本を読むのか	齋藤 孝	PI・601

こころ涌き立つ「知」の冒険!

青春新書 INTELLIGENCE

弘兼流 やめる! 生き方	弘兼憲史	PI·602
会社を離れても仕事が途切れない7つのツボ	伊藤賀一	PI·603
ウイルスに強くなる「粘膜免疫力」	溝口 徹	PI·604
認知症グレーゾーン 「人の名前が出てこない」だけではなかった	朝田 隆	PI·605
感情を〝毒〟にしないコツ 心と体の免疫力を高める「1日5分」の習慣	大平哲也	PI·606
あの神様の由来と特徴がよくわかる 日本の神様の「家系図」	戸部民夫	PI·607
英会話 言わなきゃよかったこの単語	デイビッド・セイン	PI·608
脳科学者が教える「ストレスフリー」な脳の習慣	有田秀穂	PI·609
ボケたくなければ「奥歯」は抜くな	山本龍生	PI·610
リーダーとは「言葉」である 行き詰まりを抜け出す77の名言・名演説	向谷匡史	PI·611
自衛隊メンタル教官が教える 心をリセットする技術	下園壮太	PI·612
「エビデンス《科学的根拠》」の落とし穴	松村むつみ	PI·613
自分で考えて動く部下が育つすごい質問30	大塚 寿	PI·614
血糖値は「腸」で下がる 腸からインスリン・スイッチをオンにする生活習慣	森 豊 松生恒夫	PI·615
最速で体が変わる「尻《しり》」筋トレ 1日5分! 世界標準の全身ビルドアップ術	弘田雄士	PI·616
〝スカノミクス〟に蝕《むしば》まれる日本経済	浜 矩子	PI·617
教科書の常識がくつがえる! 最新の日本史	河合 敦	PI·618
ビジネスが広がるクラブハウス	武井一巳	PI·619
語源×図解 くらべて覚える英単語	清水建二	PI·620
ストレスの9割は「脳の錯覚」 思考グセに気づけば、もっとラクに生きられる	和田秀樹	PI·621
還暦からの人生戦略 最高の人生に仕上げる〝超実践的〟ヒント	佐藤 優	PI·622
2035年「ガソリン車」消滅	安井孝之	PI·623
2030年を生き抜く会社のSDGs	次原悦子 サニーサイドアップグループ	PI·624
ミッドライフ・クライシス	鎌田 實	PI·625

こころ涌き立つ「知」の冒険！

青春新書 INTELLIGENCE

真相解明「本能寺の変」 光秀は「そこに」いなかったという事実	菅野俊輔	PI・626
13歳からのキリスト教	佐藤 優	PI・627
知らないと怖い がん検診の真実	中山富雄	PI・628
「給与明細」のカラクリ	梅田泰宏	PI・629
いい人間関係は「敬語のくずし方」で決まる	藤田尚弓	PI・630
常識として知っておきたい日本語ノート	齋藤 孝	PI・631
定年格差 70歳でも自分を活かせる人は何をやっているか	郡山史郎	PI・632
「ヨーロッパ王室」から見た世界史	内藤博文	PI・633
お酒の「困った」を解消する最強の飲み方	溝口 徹	PI・634
「食」の未来で何が起きているのか フードテックのすごい世界	石川伸一［監修］	PI・635
その「うつ」っぽさ適応障害かもしれません	岩波 明	PI・636
脳の寿命を決めるグリア細胞 実は、思考・記憶・感情…を司る陰の立役者だった	岩立康男	PI・637
いま知らないと後悔する2024年の大学入試改革	石川一郎	PI・638
自己肯定感という呪縛 なぜ低いと不安になるのか	榎本博明	PI・639
孤独の飼い方 群れず、甘えず、私らしく生きる	下重暁子	PI・640
ユダヤ大富豪に伝わる最高の家庭教育	天堤太朗	PI・641
UCLAで学んだ「超高速」勉強法	児玉光雄	PI・642
世界史で深まるクラシックの名曲	内藤博文	PI・643
一瞬で心が整う「色」の心理学 色の力で、仕事・人間関係・暮らしの質を上げる	南 涼子	PI・644
70代現役！「食べ方」に秘密あり	生島ヒロシ 石原結實	PI・645
「生前贈与」のやってはいけない 知らないと損する相続の新常識	税理士法人レガシィ 天野 隆 天野大輔	PI・646
「中学英語」を学び直すイラスト教科書	晴山陽一	PI・647
「文《もん》様《よう》」のしきたり 暮らしを彩る日本の伝統	藤依里子	PI・648
すごいタイトル㊙法則	川上徹也	PI・649

こころ涌き立つ「知」の冒険！

青春新書 INTELLIGENCE

語源×図解 もっとくらべて覚える英単語 名詞	清水建二	PI・650
いちばん効率がいい すごいジム・トレ	坂詰真二	PI・651
結局、年金は何歳でもらうのが一番トクなのか	増田 豊	PI・653
「メンズビオレ」を売る進学校のしかけ	青田泰明	PI・654
日本人が言えそうで言えない英語表現650	キャサリン・A・クラフト 里中哲彦［編訳］	PI・655
世界史で読み解く名画の秘密	内藤博文	PI・656
教養としてのダンテ「神曲」〈地獄篇〉	佐藤 優	PI・657
人生の頂点《ピーク》は定年後	池口武志	PI・658
相続格差 「お金」と「思い」のモメない引き継ぎ方	天野 隆 税理士法人レガシィ	PI・659
俺が戦った真に強かった男	天龍源一郎	PI・660
NFTで趣味をお金に変える	tochi	PI・661
ドイツ人はなぜ、年収アップと環境対策を両立できるのか	熊谷 徹	PI・662
【最新版】「脳の栄養不足」が老化を早める！	溝口 徹	PI・663
人が働くのはお金のためか	浜 矩子	PI・652
弘兼流 好きなことだけやる人生。	弘兼憲史	PI・664
「発達障害」と間違われる子どもたち	成田奈緒子	PI・665
井深大と盛田昭夫 仕事と人生を切り拓く力	郡山史郎	PI・666
世界史を動かしたワイン 教養と味わいが深まる魅惑のヒストリー	内藤博文	PI・667
【改正税法対応版】「生前贈与」そのやり方では損をする	税理士法人レガシィ 天野 隆 天野大輔	PI・668
9割が間違っている「たんぱく質」の摂り方	金津里佳	PI・669
70歳から寿命が延びる腸活	松生恒夫	PI・670
飛ばせる・撮れる・楽しめる ドローン超入門	榎本幸太郎	PI・671

※以下続刊

お願い ページわりの関係からここでは一部の既刊本しか掲載してありません。折り込みの出版案内もご参考にご覧ください。

上手に発散する練習

――〝風通しのいい心〟になる考え方――

名取芳彦

青春新書
PLAYBOOKS